"十三五"职业教育规划教材

SHINEI ZHUANGSHI ZHUANGXIU CAILIAO

室内装饰装修材料

广州孚祥建材有限公司　　　组编

陈雪杰　余　斌　李智玲　等　编著

U0300111

中国电力出版社
CHINA ELECTRIC POWER PRESS

内 容 提 要

本书共分 17 章，详细介绍了建筑装饰材料的基础知识，系统全面地讲述了材料的应用、选用、用量计算及其施工工艺。本书在内容上突出强调实用性原则，全书图文并茂，在专业化的基础上充分考虑读者的易懂性和易学性，所有涉及的材料环节均使用了样图，施工环节则采用图解的方式，让复杂艰涩的内容变得一目了然。

本书按照最新的标准和规范编写，并将市场上最新的装饰装修材料与工艺整合进书中，具有很强的实用性和参考性，适合高职高专院校作为室内设计、工程造价、建筑工程、环境艺术设计等相关专业的教材使用，也可供从事建筑装饰装修行业的设计人员以及准备装修家居的朋友阅读参考。

图书在版编目（CIP）数据

室内装饰装修材料 / 广州孚祥建材有限公司组编 . —北京：
中国电力出版社，2016.1
"十三五"职业教育规划教材
ISBN 978-7-5123-7082-1

Ⅰ.①室… Ⅱ.①广… Ⅲ.①室内装饰—装饰材料—高等职业教育—教材②室内装修—装修材料—高等职业教育—教材
Ⅳ.① TU56

中国版本图书馆 CIP 数据核字 (2015) 第 217437 号

中国电力出版社出版、发行
（北京市东城区北京站西街 19 号　100005　http://www.cepp.sgcc.com.cn）
北京盛通印刷股份有限公司印刷
各地新华书店经售

*

2016 年 1 月第一版　2016 年 1 月北京第一次印刷
880 毫米 ×1230 毫米　16 开本　13 印张　341 千字
定价 **43.00** 元

敬 告 读 者

前　言

　　此前出版的《室内装饰材料应用与施工》一书进入市场后，反响极佳，重印十余次，销售数万册，备受广大读者好评。考虑到各大中专院校将装饰材料与装饰施工作为两门课程分开设立，根据教学需要，重新编写了《室内装饰装修材料》与《室内装饰装修施工》两书。《室内装饰装修材料》侧重于材料介绍，对于主要施工环节采用图解方式进行讲解；《室内装饰装修施工》则侧重于施工介绍，对于主要材料也进行了相应的实用性讲解。

　　室内设计或者建筑装饰不同于一般的艺术类学科，除了艺术化的设计追求外，还需要考虑设计落地的问题，这就要求必须掌握装饰工程的材料选择和工艺做法。对于室内设计专业的学生和装修行业的从业人员而言，关于材料的鉴别、选购，施工的工艺流程、细节做法等实用知识是最需要掌握的内容。

　　本书介绍了装饰工程中各类装修材料的种类、应用和具体选购方法，大到地板、瓷砖等主材，小到水泥、沙子、钉子等辅材，几乎所有常见、常用材料在书中都有涉及，并配备了相关的材料样图以及实景图，方便读者对于书中材料的认识和掌握。除了材料的介绍，本书还对装修的流程、施工工艺知识以及施工中常见问题进行了详细的介绍，为了方便读者尤其是初学者理解，对于主要工序的施工还配备了详细的施工步骤图片。

　　本书共分17章，详细介绍了建筑装饰材料的基础知识，系统全面地讲述了材料的应用、选用、用量计算及其施工工艺。该书在内容上突出强调实用性原则，全书图文并茂，在专业化的基础上充分考虑读者的易懂性和易学性，所有涉及的材料环节均使用了样图，施工环节则采用图解的方式，让复杂艰涩的内容变得一目了然。

　　本书在编写过程中，得到了星艺培训学院以及艺邦集团下辖星艺装饰、三星装饰、名匠装饰、华浔装饰等各个品牌装饰公司的鼎力支持，在此特别致谢。

　　由于时间仓促和作者水平有限，书中疏漏与不妥之处在所难免，诚待广大读者和专家批评指正。

编　者

2015 年 7 月

目　录

第1章　室内装饰材料概述

1.1　基　础　知　识

随着我国经济水平的发展，人们的生活质量也不断提高，对家装的要求便越来越多样化，特别是进入 21 世纪之后，在居住环境方面，人们不仅要求住宅造型的美观、装饰装修的实用性、色彩和软装饰的搭配以及空间利用的合理性，而且对是否为绿色环保装修也有了一定的概念和要求。由此便决定了室内装修朝着"轻装修、重装饰"的方向发展。

1.1.1　装饰材料的发展趋势

装饰材料的更新换代速度非常快，市面上的新材料层出不穷，老产品也不断升级优化。"轻装修、重装饰"这一概念则促使着室内装修材料向着环保化、成品化、安装标准化、控制智能化的方向发展，这一趋势将让未来家居装饰装修变得妙不可言。

1.1.2　主要装饰材料的分类

按照装修行业的习惯，市场上装饰材料大致可以分为主材和辅材两大类。

主材通常是指装修中使用量大、选择性广、价位悬殊、款式丰富的材料，如地板、墙地砖、石材、壁纸和整体橱柜、卫浴设备等，很多时候这些由业主自购。

辅材可以理解为除了主材外的所有材料，辅材没有太多的可选择性，属于通用型材料，如水电改造工程中使用的水管以及各种电线、线管、暗盒，水泥工程中的水泥、沙子，木工工程中的板材，煽灰工程中的腻子粉等都称为辅材，其他如白水泥、铁钉等小件材料也均可以视为辅材。这些辅材大多由装修公司提供。

按照大致的材质种类分，装饰设计中最为常用的材料品种可以如表 1-1 所示。

表 1-1　主要装饰材料

材料类别	材料种类
装饰石材	大理石、花岗石、文化石、园林用石、人造石等
装饰陶瓷	釉面砖、仿古砖、抛光砖、玻化砖、陶瓷锦砖（马赛克）、瓷砖背景墙等
装饰木地板	实木地板、复合木地板、实木复合地板、竹木地板等
装饰板材	胶合板（夹板）、细木工板（大芯板）、密度板、刨花板、饰面板、三聚氰胺板、防火板、石膏板、硅钙板、铝扣板、铝塑板、矿棉板、阳光板等
装饰骨架材料	木龙骨、轻钢龙骨、铝合金龙骨等
装饰玻璃	平板玻璃、浮法玻璃、磨砂玻璃、压花玻璃、彩色玻璃、裂纹玻璃、钢化玻璃、中空玻璃、夹层玻璃、夹丝玻璃、热反射玻璃、热熔玻璃、镭射玻璃、玻璃马赛克、玻璃砖、微晶玻璃装饰板等

材料类别	材料种类
装饰壁纸	塑料壁纸、植物纤维壁纸、纺织物壁纸、金属壁纸、布面壁纸等
装饰门窗	防盗门、实木门、实木复合门、模压门、铝合金门窗、塑钢门窗、铝塑复合门窗、新型木门窗等
装饰涂料	腻子粉、硅藻泥、乳胶漆、仿瓷涂料、多彩涂料、幻彩涂料、地坪涂料、防水涂料、防火涂料、防霉涂料、清漆、调和漆、聚酯漆、防锈漆、磁漆、硝基漆等
装饰金属制品	铝合金制品、不锈钢饰面、铜和铜合金制品、铁艺制品等
装饰管线材料	电线、线管、底盒、PPR 管、铜管、铝塑复合管、镀锌铁管、UPVC 排水管等
装饰胶凝材料	水泥、瓷砖胶、云石胶、AB 胶、勾缝剂、玻璃胶、耐候胶、免钉胶、白乳胶、万能胶等
装饰五金配件	开关插座面板、门锁、合页、门吸、拉手、滑轨、气冲、闭门器、钉子、螺钉等
装饰灯具	白炽灯、卤钨灯、荧光灯、筒灯、射灯、吸顶灯、吊灯、LED 灯等
卫浴洁具	水龙头、洗菜盆、洗脸盆、坐便器、蹲便器、浴缸、淋浴房、花洒、浴巾架等
装饰饰品及植物	地毯、窗帘布艺、装饰画、装饰品、植物等

1.1.3 装饰材料在装修中的运用

　　装饰设计、装饰施工必然与装饰材料紧密联系在一起，任何一种装饰材料都以其独特的纹理特点显示自身的美感特征，在家装中起到美化作用。

　　每种不同的装饰材料在装修中所发挥的作用和表现的效果都不同。装饰石材、瓷砖、实木、玻璃等大面积主材主要用于表面装饰，由于它们的材质纹理、色泽、光滑度的不同，色彩搭配和空间应用也不同，因而不同的搭配使用也就形成了各种独具风情的装修风格。

　　装饰辅材，例如水泥、砂、砖、白乳胶、电线、防水材料等在室内装修工程中往往都用在一些隐蔽工程上，施工完毕后是看不到的。正是因为这些辅材施工完毕后看不到，因此也成了装修中最容易出现问题的环节，偷工减料、污染超标也往往出现在这些辅材上。

1.2　装修中常见问题解析

　　装修是个复杂的工程，在装修过程中，无论是采购材料还是施工经常会出现各种各样的问题。对于没有专业装修知识的业主而言，装修前期准备和装饰材料的选购乃至施工进行时所碰到的种种问题可能会使业主束手无策。因此，了解和掌握一些装修知识是十分必要的，否则容易闹笑话。

1.2.1 常见的装修方式及其优劣势

　　目前常见的装修方式主要有包清工、包工包料、半包和套餐四种。这四种装修方式都各有其优势和劣势，选择哪种方式还是要根据业主的具体情况具体分析。

　　1. 包清工

　　包清工又叫清包，指业主自己选购所有材料，包括主材和辅材，找装饰公司或者装修工程队进行施工，只支付对方工钱的方式。业主选择清包的原因一方面可能是由于资金有限，另一方面可能是因为对装修公司的不信任或者自己对于装修有一定程度的把握和有足够的空闲时间，所以全部材料都选择自购。

　　优势：从理论上讲，包清工既可以省钱，又可以自己完全掌控材料的质量。如果业主有足够的精力和时间，对建材、装饰这一行业非常熟悉，并且了解材料的质量、性能和价格，可以考虑选择。

　　劣势：选择清包这种装修方式，如果对于装饰材料不是非常熟悉，在购买材料过程中难免会上当受骗，容易买到假冒伪劣或不合用的产品。况且，一旦采买材料不能按时到位，则很容易导致工期延误。采用清包方式对于普通业主来说是一个巨大的挑战，这意味着业主需花大量的时间和精力在装修上，稍有不慎则会既损失了金钱又消耗了时间和精力。对装修材料和施工不太有经验的业主不适合采用这种装修方式。

　　2. 包工包料

　　包工包料是指装修公司将施工和材料全部承办。装修完毕后，业主只需要购买一些家具、家电等产品即可入住。这种装修方式是最省事的，但装修质量的好坏就取决于装修公司是否负责任了。如果没有足够的时间和精力来装修，对装饰材料也不太了解，同时对所选装饰公司很信任，就可以选择这种装修方式。其实在西方发达国家，大多都是采用这种形式。

　　优势：省时省力，可以减少业主很多麻烦。装饰公司常与材料供应商打交道，有自己固定的供货渠道，因此很少买到假冒伪劣的材料。装饰公司对于常用材料都会大批购买，因此也能拿到很低的价格。

　　劣势：需选择好真正有责任心的装饰公司和工程队。由于材料价格多样、种类繁杂，一旦装饰公司虚报价格，或与材料商联手欺骗，业主很难识别。

　　3. 半包

　　半包是介于清包和包工包料之间的一种方式，指业主只购买价值较高的主材，比如瓷砖、木地板、壁纸、洁具等，而种类繁杂、价格较低的辅材，比如水泥、沙、钉、胶粘剂等由装修公司提供的方式。业主能够在一定程度上参与装修，同时又不用在装修上浪费太多的时间和精力，是目前市场上采用最多的一种装修方式。

　　优势：装修中所需的主材由自己购买，无论在安全上还是经济上都更放心。装饰辅材则由施工队配给，小事上也省了不少力。

　　劣势：仍需花不少时间去跑建材市场，在签合同时一定要清楚注明哪些由装修公司提供，哪些由业主自己购买，否则很容易在后期被装修公司钻空子，弄得自己什么都要买，费时又费劲。

　　4. 套餐

　　套餐装修就是把材料部分，即墙砖、地砖、地板、橱柜、洁具、门及门套、窗套、墙漆、吊顶及辅料以及施工全部涵盖在一起报价。套餐装修的计算方式是用空间面积乘以套餐价格，得到的数据就是装修全款。以建筑面积 $100m^2$ 的户型装修报价为参考，假设套餐价格为 799 元 $/m^2$，则套餐费用为

$$装修费用 = 建筑面积 \times 套餐价格 = 100m^2 \times 799 元 /m^2 = 79900 元（含所有的主材）$$

　　优势：装饰公司采用套餐的初衷是所有品牌主材全部从各大厂家、总经销商或办事处直接采购，由于采购量非常大，又减少了中间流通环节，拿到的价格也全部是低价，把实惠让给消费者。

　　劣势：套餐所使用的材料基本是固定的，就算可选，也仅仅只有少数几种可以选择，这是大批量采购必要的条件，所以套餐容易造成装修风格模式化，千篇一律。此外，目前套餐装修风行全国，很多业主被套餐的优惠价格所吸引，但是套餐装修的质量依然和装修公司以及工程队的责任心有很大关系，市场上出现了很多的套餐装修使用次等或劣质的材料，造成了种种问题。

1.2.2 主要的装修风格 中式风格、欧式风格、现代风格

装修的设计风格有很多,常见的有现代主义风格、中式风格、欧式风格、美式田园风格、东南亚风格、后现代风格等。无论采用哪种风格的设计,都必须在整体上统一协调。业主在风格的选择上可以根据自己的喜好进行选择。

1. 中式风格

中式风格最能体现中国传统文化的审美意蕴,其色彩以深色为主,但若处理不好很容易造成压抑的感觉。在装饰材料上,大多以木质为主,对雕刻彩绘十分讲究,要求具有典雅的造型,配以带有雕刻效果的中式瓷砖背景墙,能够形成非常美观大气的中式风情,如图 1-1 所示。中式风格在空间上讲究层次,多用隔窗、屏风来分割,错落有致。在家具搭配上多采用红色或黄色,陈设上比较注重对称,使之更好地表现古典家具的内涵,如图 1-2 所示;软装饰饰品上则多用字画、古玩、卷轴和盆景等加以点缀。

图 1-1　孚祥中式瓷砖背景墙效果

图 1-2　中式风格家具及配饰

2. 欧式风格

目前国内装修中的欧式风格已不是很多年前的纯正欧式了,而是以浪漫主义为基础,将欧洲巴洛克艺术和洛可可风格简化并相融为一体,再加入一些现代元素而成的。这种风格的装修材料常用大理石、壁纸,以及各种欧式纹样、壁画和壁柱,室内造型十分讲究线条美感和凹凸感,装饰细节精益求

精，但不会让人觉得繁冗无章，如图 1-3 所示。

现代人追求简单明快的风格，早期巴洛克风格和洛可可风格造型复杂且昂贵，而经简化后的现代欧式风格在色彩上多采用白色或流行色，灯饰的设计上譬如壁灯，极具西方风情的造型，使整体空间变得简约、明快，如图 1-4 所示。

图 1-3　搭配大理石、壁纸及背景墙欧式风格效果　　　　图 1-4　现代欧式风格

3. 现代风格

现代风格采用现代经典设计元素，简约而不简单、时尚而又典雅，石材、玻璃、不锈钢、等现代材料均可采用，统一色系和统一化的装饰材料是现代风格塑造的一种传统手法。但是在空间视觉中心的背景墙上可以采用颜色或材质反差很大的材料，形成强烈对比，形成室内装饰的画龙点睛之笔，如图 1-5、图 1-6 所示。

图 1-5　现代风格客厅　　　　　　　　　　图 1-6　现代风格卧室

设计风格确定的要点：

（1）装修风格大体上要基本一致。尽管当今装修风格多样化，但仍须在整体统一性的前提下进行设计。无论是在玄关、背景墙、家具等软装设计，还是在整个空间造型的设计上，都必须讲究整体性，不能心存要把所有好的设计搬到一个空间上去的想法而将设计风格变得"四不像"。

（2）轻装修、重装饰。这里的装修指的是室内的固定装修项目，装饰则指的是家具、背景墙、家居饰品、摆件、花品等软装装饰物品。装修和买衣服一样具有时效性，软装装饰更新换代周期短，因此现代装修设计越来越侧重于软装设计方面，而不是再在墙面、顶面做太多太复杂的固定造型。这样的好处是当业主对目前装修感到厌倦而想换一种装修风格时，会减少许多的工程量，尤其是当前房地产市场很多时间都是精装房交楼标准，买房之时基本装修已经全部做好，家家大同小异，要打造属于自己的个性空间，尤其应该在背景墙、家具、软装饰品上多下工夫。

1.2.3　设计方案的审定

大多数房子交楼后，都需要在原始房型图基础上，根据业主的喜好和需要，重新组合空间结构。此外，还要根据业主的要求完成方案设计和图纸制作。

全套室内设计图纸大致上可以分为效果图和施工图两大类。相对一些对装修图纸不是很熟悉的业主而言，效果图更为直观，这也是装修公司打动业主的最佳方式。而对于施工队而言，施工图则是施工时最重要的参照物。在一套完整的施工图纸中，重点要看平面布置图和一些装修重点的立面图，比如电视背景墙立面图等。

（1）效果图。效果图分为计算机效果图和手绘效果图两种，如图1-7、图1-8所示。

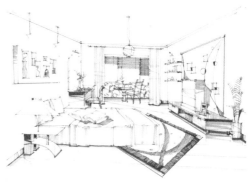

图1-7　计算机效果图　　　　　　　　　　　图1-8　手绘效果图

两种效果图的优劣势对比见表1-2。

表1–2　计算机效果图与手绘效果图优劣势对比

类型	手绘效果图	计算机效果图
优势	手绘效果图是设计师与业主沟通时最直观、便捷的表现方式，它相比于电脑效果图的优势是能够快速表现	计算机效果图的最大优点是真实，通过计算机效果图业主能够清楚自己的空间装修完成后的真实效果
劣势	手绘效果图只能表现一个大概效果，并不能全面、真实地反映装修后的最后效果	效果图制作时间较长，不能即时表现，并且不方便修改

（2）施工图 – 平面布置图。平面布置图的看点在于平面空间划分是否合理，比如看过道是否占用太多、客厅是否太空、尺寸是否合理、空间利用充不充分等。除此之外，还应重点关注家具的摆放和天花布灯是否合理等问题。

（3）施工图 – 立面布置图。立面图主要反映墙面装修的造型、材料和尺寸，重点关注那些主要墙面，比如电视背景墙、床的后靠背墙及厨卫各墙面立面图。

设计方案审定要点：

（1）查看设计师水平。设计方案的制定基本上是由设计师一手操办的，设计师的水平直接关系到设计方案的好坏，因此要认真选择。

（2）坚决拒绝拼凑型设计。在装修风格上的要求是整体统一性，任何由画册或者计算机选取的局部空间拼凑而成的设计都是不合理的，要敬而远之。

（3）依靠计算机效果图确定最后设计。有许多公司不提供计算机效果图或者计算机效果图要另外收费。这对于一些不太看得懂图纸或者手绘的业主来说很不利。因为手绘效果图很难向业主表现真实、具体的空间效果，一旦开始施工才发现木色不是你想要的或者样板材料小面积看和大面积用效果相差很大，那时已经覆水难收了，要返工必然会造成很大的浪费。因此在施工前看计算机效果图是很有必要的。效果图主要看客厅、餐厅和主卧等主要空间。

1.2.4 材料的入场顺序及时间

小小的家装工程需要很多的装修材料，没有经验的业主经常会不知道到底要先买哪些材料，以及各种材料的进场顺序。为了避免因材料问题导致延误工期，业主们一定要事先了解一下各种装修材料的进场顺序，可参考表 1-3 进行。

表 1-3　各种装修材料订购顺序

建议订购时间	项目	备注
开工前	防盗门	最好一开工就安装防盗门，防盗门的订做周期为一周左右
	水泥、沙、腻子等	一开工就要能拉到工地，不需要提前预订
	白乳胶、原子灰、砂子等	一开工就要能拉到工地，不需要提前预订
墙体改造完后	橱柜、浴室柜	墙体改造完毕就需要商家上门测量，确定设计方案，其方案会影响到水电改造工程
	散热器和地暖系统	墙体改造完毕就需要商家上门改造供暖系统。散热器可以与水管同时订购，以便水工确认接口的型号尺寸，贴好瓷砖后再安装即可。安装地暖的业主，在水电改造完毕后，即可进行地暖的施工，要注意保留地暖管在地下的走向位置图
	水槽、洗面盆	橱柜设计前需要确定，其型号和安装位置会影响到水路改造方案和橱柜设计方案
	烟机、灶具、小厨宝	橱柜设计前需要确定，其型号和安装位置会影响到水路改造方案和橱柜设计方案
	室内门	墙体改造完毕需要商家上门测量，现场制作的门则不需要
	塑钢门窗	墙体改造完毕就需要商家上门测量
水电改造前	水路改造相关材料	墙体改造完毕就需要工人开始工作，这之前要确定施工方案，确保材料到场
	排风扇、浴霸	其型号和安装位置会影响到电路改造方案。在水电安装之前购买，以便厂商安排上门勘测以配合水管铺设。由于涉及到水管和电线排布，因此在水电施工时安装比较好
	电路改造相关材料	墙体改造完毕就需要工人开始工作，这之前要确定施工方案，确保材料到场
	热水器	其型号和安装位置会影响到水电改造方案
	浴缸、淋浴房	其型号和安装位置会影响到水电改造方案，安装则在瓷砖、挡水施工完毕后进行
	水处理系统	其型号和安装位置会影响到水电改造方案和橱柜设计方案
泥工入场前	防水材料	水电改造完毕即进行防水工程，防水涂料不需要预订
	瓷砖、勾缝剂	水电改造完毕即铺瓷砖，瓷砖有时需预订

续表

建议订购时间	项目	备注
泥工入场前	石材	窗台、地面、门槛石、踢脚线等可能用到石材，需要提前3~4d确定尺寸预订
	地漏	不需要预订，铺瓷砖时同时安装
泥工开始	吊顶材料	泥工铺贴完瓷砖3d左右就可以吊顶，一般吊顶需要提前3~4d确定尺寸预订
木工进场前	龙骨、石膏板、铝扣板	铝扣板需要提前3~4d确定尺寸预订，其余不必预订，一般在水电管线铺设完毕购买即可
	大芯板、夹板、饰面板	木工进场前购买，不需要预订
	衣帽间	一般基本装修完成后安装，但需要1~2周生产周期
	电视背景材料	有些背景材料如玻璃等材料需要提前1周预订
	门锁、门吸、合页	不需要预订，房门安装到位后可订购门锁。建议和成品门同时订购
校脏工程完成后	木地板	水电、墙面施工结束后，可以开始木地板安装。提前一周订货，如果商家负责安装，则需要提前2~3d提前预约安装
	乳胶漆、油漆	墙体基层处理完毕就可以刷乳胶漆，不需要预订
	壁纸	地板安装完毕后可以贴壁纸，进口壁纸需要20d左右的订货时间，如果商家负责铺装，铺装前2~3d预订
开始全面安装前	玻璃胶、胶枪	不需要预订
	水龙头、厨卫五金件	一般不需要定做，但挂墙龙头需要提前定位，与水管工程同步。其余龙头可以在装修工程后期购买，与洁具安装同步
	镜子等	如果定做，需要4~5d的制作周期。镜子一般是在保洁前最后安装。需要注意的是镜灯的电位位置需在水电施工前预留（有些镜灯设计是暗藏）
	马桶等洁具	不需要预订洁具，安装可以稍微晚一点进行，避免损坏
	灯具	非定做灯具均不需要预订
	开关面板	不需要预订。开关数量不需要过早确定，容易产生较大误差。一般建议墙面油漆结束后，电工准备安装开关和灯具前提前几天订购即可

1.2.5 如何做到绿色环保装修

随着人们对于装修品质越来越高的要求，低碳健康的装修成为了人们关注的一个重点。装修不仅要做得漂亮，而且要做到绿色环保。这里需要强调的是，装修不能做到绝对的没有污染，任何装修都会造成室内污染，但只要污染的程度不超出国家规定的标准范围，就不会对人体造成伤害。

要实现绿色环保家装，应注意以下几个方面：

装修设计谨防污染叠加：家庭装修设计要简洁、实用，应尽可能地少使用人造板材，如细木工板（也叫大芯板）中甲醛含量非常高，设计中就要尽量减少用细木工板做基材的造型、家具等。在设计中要考虑房屋单位面积内装修材料的最佳使用量，同时还要考虑家具、地板等产品甲醛释放的叠加效应，即使所购买的装修材料全部达到国家标准，但是用量过大也同样会造成污染。另外，室内应多摆放一些阔叶植物。很多植物本身就有吸入甲醛、苯、一氧化碳等有害物质的功能，摆上一些这样的植物既能美化环境，还能吸取那些有害物质，一举两得。

选择绿色环保材料：要严格选用安全环保型材料，如选用不含甲醛的胶粘剂、细木工板和饰面板等，都可以减少污染。油漆是装修中必不可少的材料，其中苯的含量很大，如果选用环保的水性涂料，并少用色漆，就可大大减少苯的危害。选材时一定要注意看是否有环保产品的绿色标志，尽量选刺激性气味小的材料。一定要向商家索取产品的检测报告，看它是否通过国家专业机构的检验，要尽量选用名优及具有一定市场信誉的产品。当然，装饰材料中有一些是基本上无毒无害的，尤其是一些天然材料，其有毒有害物质可以完全忽略不计，如砂石、木材、部分天然大理石和花岗石、实木地板、品牌瓷砖等。

选择正确施工：要尽量选用无毒、少毒、无污染、少污染的施工工艺。比如板材在切割之后，及时进行封边处理；局部装修结束及时进行污染防治等，最大程度上降低有害气体的释放。现在很多工艺还停留在很低的水平，像黏胶、刷漆等，本身就容易造成污染；现在刷墙、刮腻子时常用的 107 胶就含有大量甲醛，已被国家列为淘汰建材，禁止使用。另外，施工工艺的不规范，也使室内污染大大增加。因此，应选择正规的装饰公司施工，确保施工过程绿色、安全。装修完后还可以找环境净化公司净化室内环境，这些公司可以测试室内有害物质含量是否超标，如果超标，则有专门的设备可以吸取及封闭这些有害物质。市场上也有一些诸如空气净化器、活性炭、甲醛吸附器等设备可以放入室内净化环境。此外，新风系统可以治理室内装修污染。

检查家具：很多人有个误区，认为装修是造成室内污染的源头，实际上外购的成品家具有时候有毒物质含量更高，其甲醛含量动辄可以超标数倍甚至数十倍。不仅板式家具，商家宣传的环保布艺沙发也同样能够造成室内污染，因为各种布艺家具中经常使用含苯的胶粘剂，也会在室内造成苯污染，所以在家具搬进室内后才进行空气检测很难判断到底是装修污染还是家具污染。最好的做法是在家具进场前先做一次检测，家具进场后再进行一次检测。

装修完毕不要立即入住：这点很重要，装修完毕起码要空置 1 ~ 2 周的时间，保持通风状态来稀释室内的有害物质。减少室内污染最行之有效的办法就是室内常通风换气，即使是装修后达标的室内空间也应经常通风。通风对流时间越长，材料中释放出的有毒有害物质在室内空气中的浓度就越低。尤其是夏季，高温导致材料的有害物质释放量最高，即使其他季节不超标，到了夏季也很容易超标。但也正是这个季节，室内都因为开空调导致门窗紧闭，通风很差，这样很容易导致室内有毒有害物质含量超标。

1.2.6　装修预算要点

装修预算的确定在装修中也是非常重要的，同时也是业主最关心的环节。一般而言，装修费用主要由装修公司收费（包括材料费、人工费、设计费、管理费、装修公司利润）和业主自购家具、家电和饰品费用两大部分构成。

（1）材料费、人工费：是装修公司收费的大头，约占到装修公司总收费的 60% ~ 80%。其中材料费在通常情况下要比人工费多 20% ~ 40%。

（2）设计费：很多的家装公司都是提供免费设计的。这其实是个很不好的现象，当设计师的设计变得不值钱时，那么设计师更多的只能依靠回扣等非正常手段来获取利益。这其实也是间接损害业主的利益，天下毕竟没有白吃的午餐，最终羊毛还是得出在羊身上。目前国内大多数装饰公司都是这样操作的，这种情况只能期待在装修业继续发展完善时解决了。

（3）管理费：就是装修公司在为业主装修时出车、出人协助买料、进场监工，协调所产生的费用。一般情况都是按工程直接费的比例收取，通常比例是 3%～5%。此外还有材料搬运费和垃圾清运费，占到工程直接费的 3%～5%。

（4）装修公司利润：各个公司利润都不一样，但通常情况下大型的品牌装饰公司利润可以达到 30%～40%，甚至还能更高。但装饰公司除去给设计师提成和项目经理的分成后真正能够拿到手的大概只有 20%，这个还要根据各个公司的管理水平而定。相对而言中小型装饰公司总利润大概在 20%，装修队则更少。这里要给业主一个忠告，一般的压价可以，但起码要给公司留下 20% 左右的利润，如果价格压得过低导致装饰公司无利可图，那很可能将导致公司采用非正常手段获利，比如装修中途加钱，材料上选购便宜的产品，甚至偷工减料等手段，那样业主将防不胜防，得不偿失。

（5）业主自购家具、家电和饰品：这块也是装修费用中的大头，具体需要花多少钱需要业主在装修前根据自己的情况确定。

1.2.7 智能家居系统及需注意的问题

1. 智能家居概念

智能家居是利用先进的计算机技术、网络通信技术、综合布线技术，将与家居生活有关的系统功能，如安防、灯光控制、窗帘控制、煤气阀控制、信息家电、场景联动、地板采暖等有机地结合在一起，通过网络化综合智能控制和管理，实现"以人为本"的全新家居生活体验。

智能家居系统让人们轻松享受生活。出门在外，人们可以通过电话、计算机来远程遥控家居各智能系统，例如在回家的路上提前打开家中的空调和热水器，给浴池放水并自动加热调节水温；到家开门时，借助门磁或红外传感器，系统会自动打开过道灯，同时打开电子门锁，安防撤防，开启家中的照明灯具和拉开窗帘迎接主人的归来；回到家里，使用遥控器就可以方便地控制房间内各种电器设备，可以通过智能化照明系统选择预设的灯光场景，比如阅读、娱乐、休息等，这一切都可以安坐在沙发上从容操作，一个控制器可以遥控家里的一切。同时，在公司上班时，家里的情况还可以显示在办公室的计算机或手机上，随时查看；门口机具有拍照留影功能，家中无人时如果有来访者，系统会拍下照片供主人回来查询。

智能家居各项技术已经十分成熟，消费者可以根据自身需求来选择和定制，价格从数千元到上百万元不等。如果只选择安防和智能两大基本简易型配置，其价格不到 1 万元。

2. 智能家居系统的常用功能

智能家居系统具有多种功能，比如安防系统、温控系统、灯光系统、窗帘系统、家庭影院系统等。在众多纷繁复杂的功能中，智能家居最常见又最实用的五大常用功能则有：

（1）定时控制：无论是定时给电瓶车充电，还是定时加热热水器，或者是定时开启、关闭饮水机，都可以由定时系统控制。

（2）远程控制：远程控制家中的智能设备，无论走得多远，"家"始终在手边。

（3）安防报警：对于普通老百姓过日子，家里太太平平最重要，不出岔子、不破财最重要。因此，安防报警、防偷防盗是智能家居系统中最重要的功能之一，也是智能家具最基本的一个功能。

（4）智能模式：智能模式给家安上了眼睛（人体红外感应）、鼻子（燃气报警器、烟雾报警）、耳朵（门磁，震动感应），时刻感知主人的存在，并根据主人的行为，调节灯光、插座等设备。

（5）情景模式：就是可以按照生活中的不同情景，结合个人的生活习惯，综合设置家电设备、灯光照明，让它们满足主人的个性需求。

3. 智能家居系统需注意的问题

智能家居简单、时尚，拿着手机就能轻松搞定日常基本生活，拨个按键就能指挥家居设备，在不久的将来，必然会被越来越多的人所接受。

然而，需要注意的是智能家居的装修上，不管是综合布线，还是无线安装，都很有讲究。消费者在选购和安装时要谨慎小心，如果第一次没安装好，将会带来诸多不必要的麻烦。

（1）选购方法。首先，要选购带有3c认证以及产品责任险的智能系统。虽然国内3c也是会出问题的，但是相对而言，拥有3c认证的产品比没有3c认证的产品要可靠一些。其次，选购时尽量选择那些拥有较多售后网店的知名品牌。智能家居系统不比寻常的家用电器，一旦出现问题，很难找到专业人士进行维修，选择一些大品牌和网点较多的产品更加让人放心。

（2）前期沟通。智能家居系统的安装要由产品供应商派出技术人员与设计师、业主确定需要加入系统的电器，协商好电器摆放位置及所需功能，然后根据业主要求出具布线图。注意：在装修水电改造阶段就要结合智能家居布线图进行布线及与电路线的联结。

这里需要特别注意的是，因为线路施工大多采用暗装方式，也就是说线管最后都会被埋在地面或者墙面，所以为智能系统所购买的 HDMI 高清线等成品线须提前测试，确认无问题才能进行埋线处理，否则一旦埋进去之后，很难更换。此外，电器摆放位置一定要提前确定，系统内的电器位置是绝对不能挪动的，否则就无法控制。如果需要变动位置，一定要在施工完成前进行，一旦施工完成后再要变动，就要打开墙、地面重新布线。

（3）兼容问题。电器设备与智能系统还存在一个兼容的问题，不是所有电器设备都与智能系统兼容，所以购买前就要仔细确认。最好是购买前就和智能家居系统设备商确定购买的电器设备品牌和型号是否兼容。

（4）隐私问题。网络化都是存在一定漏洞的，网络化的智能家居系统也不例外，有可能被一些技术高超的黑客侵入。比如监控录像设备，就很有可能被他人通过网络控制。针对这种情况，建议在卧室等私密空间不要安装监控录像设备。

总之，随着科技的进一步发展，家居信息化、智能化已是大势所趋，尤其是无线网络技术的兴起，"无线"化的智能家居综合布线系统未来的发展前景巨大。

1.2.8 二手房翻新要点

许多已经使用过一段时间的房子，或者购买二手房的业主都会想到把房子重新装修，可是通常二手房房龄较大，老房原有的设施多数已经老化，相比于新房装修，二手房或者老房子装修需要注意的事项更多，否则将影响翻新装修的质量。

二手房翻新常见问题如下：

（1）墙面没有铲除。在装修二手房时，很多房主为了省事方便，都没有把原先旧墙面铲除，这为以后的使用埋下了很多隐患。这个问题需要一分为二，如果原有墙面现状较好，只需要打磨重新刷乳胶漆即可，但是如果原墙面老化、起皮、开裂，那就必须铲除，重新上腻子再刷乳胶漆。否则旧墙面容易粉化，不铲除会与后来的披刮腻子、乳胶漆产生分层，容易造成墙皮脱落。

（2）水电没有改造。二手房的使用时间比较长，房屋的电路、水管线路比较旧，尤其是20世纪90年代的老房子，电容很小。装修时，一定要对原有的水路、电路进行检查，看看是否能够达到现阶段使用要求，若达不到，建议彻底改造，重新布局。

（3）防水没有检验。业主在验收时要仔细考察房子的防水情况，可以通过24h以上的闭水测试检

11

查是否存在渗漏的问题。具体方法是堵住厨卫阳台等处地漏等出水口，用水泥沙垫高门槛，放至少3cm 高度的水量，等待 24h 后检查楼下是否渗水。

二手房翻新注意事项。相对于新房装修来说，老房子或者二手房装修无论在设计和施工上都有不小的差别。在装修时，需要注意以下几点：

（1）要尽量腾空住宅，给装修施工留出操作场地，实在不能搬走的，可与装修公司协商进行全封闭包装，并摆放在不影响施工的位置。

（2）拆改外立面的门窗时，一定要事先征得所在小区物业的同意，尤其是面临主要街道的住宅。

（3）拆改墙体时，一定不要拆改承重墙体，因为承重墙体关系着住宅整体结构的安全。

（4）有燃气系统改动要求的，应由燃气部门进行改动，不能私自改造。

（5）事先做好左邻右舍的告知工作，协商好施工时间，避免产生不必要的纠纷。

第2章 装饰石材 {天然 人造}

装饰石材是指具有可锯切、抛光等加工性能，在建筑物上作为饰面材料的石材。作为建筑装饰材料，数千年来石材一直在建筑中得到广泛的应用，现代装修更是离不开这些天然装饰石材。目前装饰用的石材大体上包括天然石材和人造石材两大类。

2.1 大理石 不耐风化，少应用室外

大理石是室内装饰一种较为常见的天然石材，可用于墙面和地面装饰，因其纹理和颜色非常漂亮，受到广泛的欢迎。

2.1.1 大理石的介绍及应用

1. 大理石的介绍

大理石因早年多产于云南大理而得名，是一种变质岩或沉积岩，主要是由方解石、石灰石、蛇纹石和白云石等矿物成分组成，其化学成分以碳酸钙为主，约占 50% 以上。碳酸钙在大气中容易和二氧化碳、碳化物、水汽发生化学反应，所以大理石比较容易风化和溶蚀，而使表面很快失去光泽。这个特性导致大理石更多地被应用于室内装饰而不是室外。大理石的主要特点是组织细密、坚实，不易变形、耐磨性强，色彩较鲜明，其纹理一般呈放射状的枝形。相对而言，大理石在硬度上不如花岗石，较脆，易断裂，但就装饰效果而言，花岗石则无法和色彩绚丽、纹理漂亮的大理石相比。市场上较为流行的大理石品种有爵士白、新米黄、大花绿等品种，如图 2-1 所示。

2. 大理石在装修中的应用

大理石不耐风化，因而较少应用于室外。但大理石在室内的应用却非常广泛，墙面、地面、台面和楼梯的台阶都可以使用，因为大理石价格昂贵，普通装修更多的只是在局部应用，比如用作窗台石和门槛石就是一种常见的做法，有些高档的装修也会用于电视柜和厨房等处的台面上，如图 2-2 所示。

以大理石作为墙面和地面装饰是目前的一种主流做法。以大理石漂亮的花纹为装饰，使得室内空间尽显奢华。此外大理石还可以做成各种各样的拼花造型作为室内的点缀，烘托室内豪华富丽的氛围，大量应用在酒店大堂、别墅客厅、过道等处，如图 2-3、图 2-4 所示。

  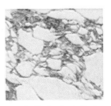 

爵士白　　　　大花白　　　　大花白（网纹）　　　　挪威红

图 2-1　大理石主要品种（一）

13

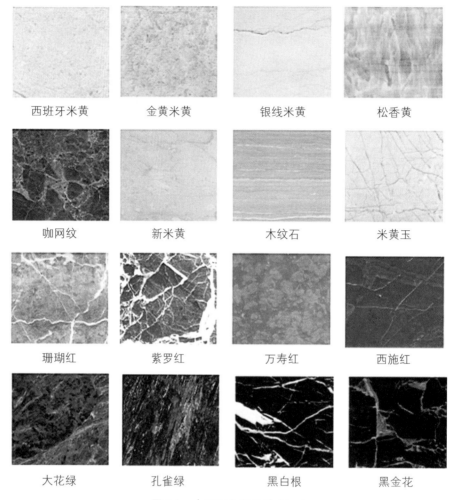

西班牙米黄	金黄米黄	银线米黄	松香黄
咖网纹	新米黄	木纹石	米黄玉
珊瑚红	紫罗红	万寿红	西施红
大花绿	孔雀绿	黑白根	黑金花

图 2-1　大理石主要品种（二）

图 2-2　大理石在台面的应用

图 2-3　大理石装饰实景图　　　　　　　　图 2-4　大理石拼花造型

目前市场上还出现了一种仿大理石的背景墙及地面拼花，主要采用玻化砖进行制作，底面为大理石纹理。此外，还在大理石纹理上设计了漂亮的画面或者图案，辅之以雕刻效果，较之传统的大理石装饰而言，效果更佳，且价格便宜，还没有传统大理石的辐射影响，近两年在市场上越来越热销，如图 2-5 所示。

图 2-5　"孚祥"仿大理石纹背景墙效果

2.1.2　大理石的用量计算及选购与保养

1. 大理石铺贴墙面用量计算

大理石铺贴墙面用量计算公式如下：

用量（块数）=（房间长度 ÷ 块长）×（房间高度 ÷ 块宽）

以长 4m、高 3m 的房间的一面墙铺大理石为例，采用 600mm×600mm 规格的大理石。

房间长 4m ÷ 块长 0.6m ≈ 7 块；房间高 3m ÷ 块宽 0.6m = 5 块；长 7 块 × 宽 5 块 = 用量 35 块；再加上通常 5% 左右的损耗约为 2 块，那么这个房间墙面铺装的数量大致为 37 块。

此外，大理石作地面铺贴的用量算法与墙面铺贴一样，可以参照计算。

2. 大理石选购与保养

目前市面上的大理石主要分为进口和国产两大类，进口的又以西班牙、意大利和巴西的为优。就使用质量而言，目前国产石材与进口石材的差距并不大，但是价格却便宜了许多，主要原因在于进口石材在颜色和纹理上更加富于变化，装饰性更强。这个和天然石材开采后的人工再加工工艺有很大关系，国产石材在这方面和国外的还是有不小的差距。大理石价格差距很大，贵的可以达到每平方米上千元，便宜的一百多元也有，但多数控制在数百元左右。如果购买时商家给出很低的价格那就要注意了，市场上有些大理石是用廉价石材经人工染色制成的，最多一年颜料掉后将原形毕露。其中又以大花绿和英国棕最为突出，市面上很多大花绿和英国棕都是染色制成的。

（1）选购要点：

1）观：厚薄要均匀，四个角要准确分明，切边要整齐，各个直角要相互对应；表面要光滑明亮，没有裂缝且不能有凹坑；花纹要均匀，图案鲜明，没有杂色，色差也要基本一致。

2）听：敲击石材听声音。好的大理石质地细密，敲击时声音会比较清脆悦耳；反之有些大理石因为内部存在裂隙或质地疏松，敲击起来声音比较粗哑。

3）试：可以在石材的背面滴上一滴墨水或者可乐，如果墨水很快四散渗开，说明该石材质地比较疏散。质地细密的石材滴上墨水后，墨水滴会凝在原地不动。

4）验：是指查看大理石是否达到国家的环保要求。天然石材无论大理石还是花岗石都具有相当的放射性，能够产生一种氡的有害气体。国家根据其放射性的强弱分为了 A、B、C 三个等级，其中只有 A 级是被允许用于室内的。

（2）石材的保养维护要点：

1）要经常擦拭以保持表面清洁，最好定期打蜡上光。

2）要避免酸碱等化学腐蚀，一旦倒上了要马上用抹布擦除。

3）要注意鞋钉擦抹，否则容易在表面上形成坑洼。

2.1.3　大理石施工图解及注意事项

大理石在室内装修中应用于墙面、地面等，无论是地面还是墙面，其施工注意要点大同小异。限于篇幅，下面将图解其中一种施工工艺——铺贴窗台大理石。地面铺贴也可参照窗台大理石的铺贴方法。墙面大理石的铺贴详见花岗石施工相关内容。

1. 施工图解

第一步：原基层浇水湿润，如图 2-6 所示。

第二步：铺水泥砂浆底层，如图 2-7 所示。

图 2-6　湿润原基层

图 2-7　铺水泥砂浆底层

第三步：刮水泥浆，如图 2-8 所示。

第四步：将根据窗台大小开好料的大理石贴于水泥浆上，并用橡皮锤敲实，如图 2-9 所示。

图 2-8　刮水泥浆

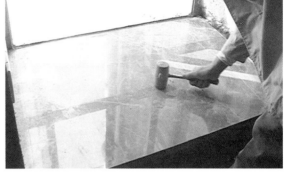
图 2-9　敲实大理石

第五步：用抹布清洁大理石面层，如图 2-10 所示。

第六步：大理石面层贴保护膜保护，保护膜可采用珍珠棉或者包装纸等材料，如图 2-11 所示。

图 2-10　清洁大理石面层

图 2-11　大理石面层贴保护膜保护

2. 施工注意事项

（1）铺贴大理石时，应彻底清除基层灰渣和杂物，用水冲洗干净、晒干。

（2）结合层必须采用干硬砂浆，砂浆应拌匀、拌熟，切忌用稀砂浆。

（3）铺砂浆湿润基层，水泥素浆刷匀后，要随即铺结合层砂浆，结合层砂浆应拍实揉平。

（4）铺贴前，板块应浸湿、晒干，试铺后，再正式铺镶。

（5）定位后，将大理石均匀轻击压实，严禁撒干水泥面铺贴。

　大理石施工时，不可忽略以上注意事项，它们是石材接缝平直，无歪斜、无污迹和浆痕的保证。此外，注意这些事项，还有利于防止石材空鼓的出现。

2.2　花　岗　石

　花岗石和大理石一样，也是一种最为常用的天然石材，在建筑和室内装修中得到非常广泛的应用。

2.2.1　花岗石的介绍及应用

1. 花岗石的介绍

　花岗石属于为岩浆岩（火成岩），其矿物成分主要是长石、石英和云母等。花岗石的主要特点是硬度大、耐压、耐磨、耐腐蚀、不易风化，日常使用不易出现划痕。其纹理呈颗粒状显示，而且花岗石耐久性非常好，外观色泽可保持百年以上。

相对大理石而言，花岗石的硬度强得多，因而在承重性和耐磨性上也比大理石更为出色，有"石烂需千年"的美称。从市场应用上来看，花岗石品种目前以中国红、印度红、蒙古黑和黑金砂居多，其中又以蒙古黑或者黑金砂地面套边、中国红或印度红制作门槛石最为流行，成为石材地面装饰的重要方式。

市场上常用的花岗石主要品种如图 2-12 所示。

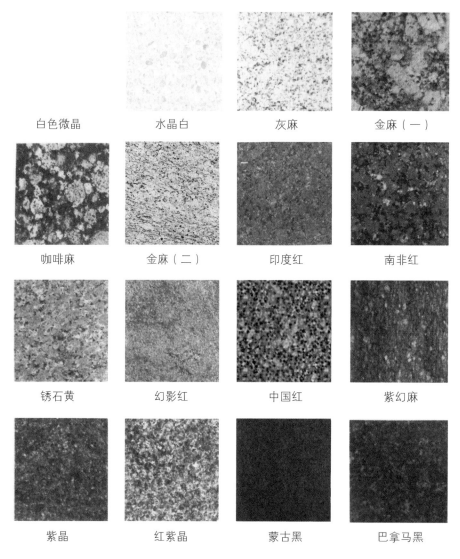

白色微晶	水晶白	灰麻	金麻（一）
咖啡麻	金麻（二）	印度红	南非红
锈石黄	幻影红	中国红	紫幻麻
紫晶	红紫晶	蒙古黑	巴拿马黑

图 2-12　常见花岗石品种样图

2. 花岗石在装修中的应用

由于花岗石不易风化、溶蚀且硬度高、耐磨性能好，因此可以广泛地应用于室外及室内装饰中，在高级建筑装饰工程的墙基础、外墙饰面、室内墙面、地面、柱面都有广泛的应用。在一般的室内装修中则多用于门槛、窗台、橱柜台面、电视台面等处。

花岗石装饰实景图如图 2-13 所示。

图 2-13 花岗石装饰实景图

2.2.2 花岗石的用量计算及选购

花岗石和大理石同属于装饰石材，在用量计算方法上和大理石基本上是一样的，具体参考大理石的用量计算相关章节即可。

用量（块数）=（房间长度÷块长）×（房间高度÷块宽）

花岗石和大理石选购实质上基本一致，但业主在选购花岗石时，还可以根据以下几点来挑选自己喜好的花岗石。

（1）颜色选择：红色，一般质地坚硬，可用于装修门楼、柱子、大堂，显得富丽堂皇；绿色，一般用于装修绿化环境较好的楼宇外墙和地面，显得色彩协调；黑色，一般用于装修大厅和门面，显得庄严稳重；浅红色、灰白色、灰黑色、乳白色以及蓝色、紫色等，都各具特色，可根据装修对象的具体情况和自己的审美观点适当选用。

（2）质量选择，磨光花岗石板材要求表面光亮，色泽鲜明，晶体裸露，规格符合标准，光泽度要求达 90%。在 1.5m 距离处目测板面，颜色应基本一致，无裂纹，无明显色斑、色线和毛面。

（3）注意区分花岗石和大理石。天然花岗石的主要矿物组成是长石、石英和云母，具有结晶结构致密、强度高、孔隙率小、抗酸性强、不易磨损、光泽保持长久、经久耐用等优点，因此使用面广。大理石主要是石灰岩、白云岩经变质作用而形成的细晶粒结构的岩石，其硬度不如花岗石，较易加工、磨光，色泽瑰丽，由于硬度和耐用性相对较弱，用于室内墙面装饰较为合适。

2.2.3 花岗石施工图解

花岗石在装修中的施工工艺因应用不同而多种多样，关于地面铺贴工艺可参考大理石施工图解相关内容。下面将图解大理石（花岗石同）作装饰墙面的施工流程。

第一步：清理墙面基层，刮掉造成墙体表面不平整的污垢、油漆等，如图 2-14 所示。

第二步：墙体表面洒水湿润，如图 2-15 所示。

第三步：打花墙体表面，如图 2-16 所示。

第四步：刷防潮层，如图 2-17 所示。

图 2-14　清理墙面基层

图 2-15　洒水湿润

图 2-16　打花墙面

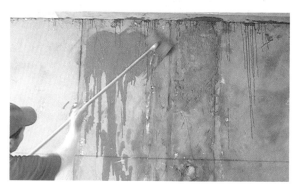

图 2-17　刷防潮层

第五步：打好横竖水平线，如图 2-18 所示。

第六步：因为大理石每块纹理都不一样，为了美观，设计师应该事先编排好大理石的位置，并绘制相应的图纸作为施工的依据，如图 2-19 所示。

图 2-18　打好横竖水平线

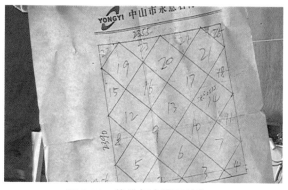

图 2-19　编排好大理石的位置

第七步：大理石背面开槽，如图 2-20 所示。

第八步：固定挂线，如图 2-21 所示。

第九步：刮水泥浆于大理石背面，如图 2-22 所示。

第十步：挂贴大理石，如图 2-23 所示。

第十一步：清洁铺贴好的大理石表面，如图 2-24 所示。

第十二步：白水泥勾缝，如图 2-25 所示。

第十三步：检测大理石的平整度，如图 2-26 所示。

图 2-20　大理石背面开槽

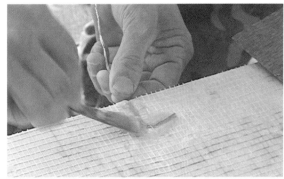

图 2-21　固定挂线

图 2-22　刮水泥浆

图 2-23　挂贴大理石

图 2-24　清洁

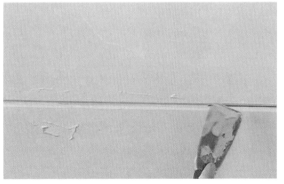

图 2-25　白水泥勾缝

图 2-26　检测大理石的平整度

2.3 文 化 石

文化石是石材的再制品，因其色泽、纹理保持了天然石材的风貌，能够将石材的质感和韵味体现得淋漓尽致而受到市场的欢迎，尤其在一些自然主义风格设计中应用更为广泛。

2.3.1 文化石的介绍及应用

1. 文化石的介绍

文化石分天然文化石和人造文化石两种。

1）天然文化石由板岩、砂岩、石英石等天然石材加工而成，这类石材是自然界经亿万年地壳运动形成的，具有特殊的层状片理结构，沿着片理不仅易于劈分，而且劈分后的石材表面纹理丰富，多制作成片状用于镶嵌墙面。天然文化石具有抗压、耐磨、耐火、耐腐蚀的特点。

2）人造文化石是以天然文化石为基础，加上硅钙、石膏等无机材料制造而成的。因其是按照天然文化石的外形、纹理进行模仿，所以也有逼真的自然外观。人造文化石相比天然文化石具有质地轻、易成型、便于安装的特点，同时还具有无毒、阻燃、色彩丰富等特点。

文化石种类繁多，市面上常见品种如图 2-27 所示。

瀑布石

石灰岩

城堡石

仿古砖

南山石

田园石

海岛石

礁石

堆切石

乡土石

青田石

山谷石

图 2-27 文化石常见品种

2. 文化石在装修中的应用

过去，文化石主要用于公共建筑、别墅建筑的外墙装饰，随着室内装饰中石材使用的不断增加，文化石也越来越多地被应用到室内的墙面装饰中。比如将纹理粗糙的文化石装饰在客厅的电视背景墙或者阳台一角，形成自然、古朴的感觉，还能和家电金属的现代感形成强烈的质感对比。同时还可以用于家庭中专门的影音室，利用文化石多空隙的特点达到吸音的效果，避免音响声音对其他居室的影响。文化石应用实例如图 2-28 所示。

图 2-28　文化石在墙面的应用

2.3.2　文化石的用量计算及选购

楼梯宽度270　高度200

文化石在室内和室外的装修用量均根据装修面积（长 × 宽）来定。

文化石的选购要点如下：

（1）文化石在室内不适宜大面积使用，一般来说，其墙面使用面积不宜超过其所在空间墙面的 1/3，且居室中不宜多次出现文化石墙面，过多过量地使用文化石会使空间显得古旧、粗糙。面积大的客厅，可使用规格较大的石板，也可作不规则的拼接形式镶嵌；面积小的客厅，在装饰墙面时，最好选用小规格、色泽淡的文化石，这样才不会使得小客厅显得狭促。

（2）文化石用于装饰电视背景墙等装饰墙面时，由于这些墙面大多会设置筒灯或者射灯，因此可选择色泽较深的瀑布石、堆砌石等文化石，配上射灯的光芒可以形成较强的明暗对比效果。

（3）天然文化石最主要的优点是耐用、可擦洗，但装饰效果受石材原有纹理限制，并不能按照自己喜好创造出太多效果，而且除了方形石外，其他文化石的施工较为困难，尤其是拼接时难度较大。人造文化石的优点在于可以自选色彩，即使买回来时颜色不喜欢，也可用乳胶漆等涂料再上色。另外人造文化石多数采用箱装，其中不同块状已经分配好比例，安装比较方便，但人造文化石怕脏，不容易清洁。

（4）在选择文化石时还要考虑到板岩的天然特性，如厚度、表面平整度等。因为有些品种较厚，有些品种较薄，这些都是人工很难调整的。

2.4　砂　　岩

近些年，装饰装修热不断升温，各类装饰新材料出现的速度也加快，真正具有生命力的新产品并以其独有优势稳占市场的砂岩装饰材料越来越受到人们的关注。

23

2.4.1 砂岩的介绍及应用

1. 砂岩的介绍

砂岩又称砂粒岩,是由于地球的地壳运动,砂粒与胶结物(硅质物、碳酸钙、黏土、氧化铁、硫酸钙等)经长期巨大压力压缩黏结而形成的一种沉积岩。砂岩的颗粒均匀、质地细腻、结构疏松,因此吸水率较高,多用于墙面装饰,具有隔音、吸潮、抗破损、耐风化、耐褪色、水中不溶化、无放射性等特点。

砂岩作为装饰石材,其花样有白桦纹、榉木纹、山水纹、年轮纹、各种木纹,颜色有黄、白、灰、红、褐、青等色。砂岩砂石不能磨光,属亚光型石材。

2. 砂岩的在装修中的应用

砂岩是环保装潢材料之一,适用于高级会所、园林景观、背景墙、文化墙,如图 2-29 所示。

图 2-29　室内砂岩效果

从装饰风格来说,砂岩显素雅、温馨,又不失华贵大气,创造一种暖色调风格。在耐用性上,砂岩不会风化,不会变色,因而可以比拟大理石、花岗石。许多一二百年前用砂岩建成的建筑至今风采依旧、风韵犹存。根据这类石材的特性,砂岩常用于室内外墙面装饰,甚至可以作为雕刻艺术品、园林建造用料,如图 2-30 所示。

2.4.2 砂岩的用量计算及选购

砂岩在装修中的用量与文化石等计算方法基本上是一样的,当业主在选购砂岩作为装饰材料时,可参考装饰石材的挑选方法,从以下几个方面去进行选购。

(1)同大理石、花岗石一样,砂岩的外观质量首先通过目测来检查,优等品的砂岩装饰材料不允许有缺棱、缺角、裂纹、色斑、色线等质量缺陷。

(2)在选材上要尽量选择色彩协调的,并注意分批验货时最好逐块比较,而且还应检查一批次砂岩石材的花纹、色彩是否一致,一批石材不能有很大的色差,否则将会影响铺装后的效果。

(3)由于开采工艺复杂,往往又经过长途运输,因此大幅面砂岩石材最易产生裂缝,尤其是 1m×1m 的石材,甚至断裂,这也是选材时要注意的重点。

图 2-30　户外砂岩的使用

（4）装修前最好对石材进行检测。砂岩开模生产时会使用大量的胶粘材料，为了防止居室的放射性污染，建议在装修前先检测甲醛浓度是否超标，如果发现问题应及时处置。

2.4.3　砂岩的保养方法

5大不可[直接用水冲洗、接触非中性物品、随意上蜡、乱用非中性清洁剂、长期覆盖地毯、杂物

天然砂岩石材在天然装饰石材范畴内，同其他天然石材一样有着相似的保养注意要点及方法。

（1）不可直接用水冲洗。砂岩是一种多孔材料，因此很容易吸收水分或经由水溶解而侵入污渍，因此砂岩应避免用水冲洗或以过湿拖把洗石材表面。

（2）不可接触非中性物品。所有石材均怕酸碱，例如酸常造成花岗石黄变现象，酸也会分解大理石中所含的碳酸钙，造成表面被侵蚀状况。碱也会侵蚀石材，造成晶粒剥离的现象。

（3）不可随意上蜡。蜡基本上都含酸碱物质，不但会堵塞石材呼吸的毛细孔，还会沾上污尘形成蜡垢，造成石材表面产生黄化现象。倘若行人及货物流通频率极高的场所必须上蜡时，则必须请专业保养公司指导用蜡及保养。

（4）不可乱用非中性清洁剂。为求快速清洁效果，一般清洁均含有酸碱性，故若长时间使用不明成分的清洁剂，将会使石材表面光泽尽失。

（5）不可长期覆盖地毯，杂物。为保持石材呼吸顺畅，应避免在石材面上长期覆盖地毯及杂物，否则石材下湿气无法通过石材毛细孔挥发出来，则石材会因湿气过重，含水量增高而产生石材病变问题。如业主一定要铺设地毯，堆置杂物，应经常变动位置，并彻底保持清洁，还要常保持通风干燥。

2.5 景 观 石

随着生活水平的提高，人们不仅要求居室有漂亮的装修，还希望能将自然景观引入室内，这就造成了近年来园林热的兴起。造园不仅仅是别墅或者复式楼的专利，不少的单元房也利用阳台和大门入口处的空间打造出属于自己的一片绿色，如图 2-31 所示。

图 2-31 阳台人造花园

2.5.1 景观石的介绍及应用

1. 景观石的介绍 ~~太湖石、英石、锦川、黄石~~

景观石种类繁多，造型各异，自古以来就为文人士大夫和贵族阶层所喜爱，现代社会也无处不有景观石的应用，由此景观石的魅力可见一斑，如图 2-32 所示。

图 2-32 太湖石

2. 景观石的应用

现代景观石品种很多，只要是造型自然独特，无论是人工还是天然的都可以用在造园中，这里就介绍几种较为常用和经典的景观石，也是古代造园的四大名石。

（1）太湖石。太湖石为我国古代著名四大玩石之一（英石、太湖石、灵璧石、黄蜡石），其主要成分为溶蚀的石灰岩，因产于太湖而得名，其中又以鼋山和禹山出产的太湖石最为著名。太湖石是中国古典园林中常用的石料，或单独摆设、或叠为假山，在光影的作用下，给人以多变多姿的美感和享受。太湖石因产在太湖边，受长年水浪冲击，产生许多窝孔、穿孔、道孔，形状奇特，最能符合古代对于石头"皱、漏、瘦、透"的要求，因而被广泛用于公园、草坪、私家庭院、旅游景点等处。

太湖石颜色主要有白太湖石、青黑太湖石、青灰色太湖石三种。其色泽以白石为多，少有青黑石、黄石，尤其黄色的更为稀少，历史上遗留下来的著名太湖石有苏州留园的"冠云峰"、上海豫园的"玉玲珑"等园林名石。

（2）英石。因多产自岭南英州（今广东英德县），故得名，是岭南园林常见的立峰用石，江南园林也多见英石峰，均从广东运来，较太湖石要名贵。英石有阳石和阴石之分，露在地面的称阳石，埋在土里的称阴石。阳石长期自然风化，质地坚硬，色泽青苍，叩之声脆。阴石风化较少，质地松润，色泽青黛，叩之声浊。阴石相对阳石而言其色质及纹理都要差些。英石褶皱细密，奇巧玲珑，嶙峋峻削，是品质优良的园林用石。但其高大者较少见，现存英石名峰以杭州的"皱云峰"最为高大，造型最美。

（3）锦川石。锦川石也称锦州石、松皮石，产于辽宁省锦州市城西。该石属沉积岩，石身细长如笋，上有层层纹理和斑点，纳五彩于一石之上，更有一种纯绿者，纹理犹如松树皮，显得古朴苍劲。锦川石一般只长 1m，长度大于 2m、宽度超过 0.3m 就算是名贵了。大者可点缀园林庭院，小者摆入室内也可供欣赏。现在锦川石不易得到，很多现代园林多是采用水泥砂浆进行仿制。

（4）黄石。黄石也是景观石造景运用最普遍的一种石类。其质坚色黄，石纹古朴，多用作叠山和拼峰，用作独峰的较少。黄石外形刚直，棱角清晰，又因为石价便宜，能够堆叠大假山，其形粗犷而富有野趣，因此古代园林中艺术造诣较高的黄石叠山精品留有不少，如上海豫园大假山、苏州藕园假山等均是。

2.5.2　景观石的用量计算及选购

景观石常规都是按吨计，但还要具体看景观石本身的造型、大小、运输安装可采用的机具等，也可以按吨位、单价来计算，或者直接一次性包干计算。

观赏奇石，要讲究瘦、漏、透、皱、清、丑、顽、拙、奇、秀、险、幽等。在选购景观石时，由于各石种的形、色、质、纹等观赏要素和理化性质互不相同，风格各异，因此它们的欣赏重点和审美标准也有所区别。

选购景观石可根据以下几个要点进行购买：

（1）完整度。由于景观石一般不允许切割加工，须尽量保持它天然的体态，因此购买时应注意景观石的整体造型是否完美，花纹图案是否完整，有没有多余或缺失的部分，以及色彩搭配是否合理，石肌、石肤是否自然完整，有没有破绽。特别要注意是否有断损，有的景观石断损后进行粘合，则在粘合处会留有痕迹。

（2）造型。造型指观赏石的形状，这是具象类观赏石与抽象类观赏石首先要评价的内容。"皱、瘦、漏、透、丑、秀、奇"是评价太湖石、晚霞红石、灵璧石、三峡石及其他类似石种外形的重要因素。若以上七要素全部具备，其造型一定很完美。

（3）色彩。看看石头的上色是否美丽、调和，色差、浓淡是否讲究。一般来说，具象石类与抽象石类的色彩以沉厚古朴的深色系列为佳。尤其是园林景观石一向重视意境的营造，为求景观的悠远深邃，崇尚深色系列。如黔黑、墨绿、褐色、紫色、深红等。最忌颜色的混浊不清和刺激性的"俏"色。

（4）纹理。细心检查石头表面的纹路，不求石纹多而密，只需繁而不乱，少而不枯，赋有动感和神韵，即是好石头。

（5）石质。石质包括硬度、密度、质感、光泽等因素。其中，硬度是决定石质优劣的关键。景观石石质过软，容易脆碎、风化、质地疏松多孔，给人一种糟朽的感觉；石质过硬往往导致情调欠缺，与雅致的气息背道而驰，难以达到百看不厌的境地。所以，供石的硬度应当至少在4度以上，以不超过7度为宜。

2.6 人 造 石

人造石材是人造大理石和人造花岗石的统称，其中又以人造大理石应用最为广泛。因为人造石具有质轻、耐污染、易施工的优点，同时在价格和品种的多样性上又优于天然石材，近年来在装修中也是大受欢迎。

2.6.1 人造石的介绍及应用

1. 人造石的介绍

人造石材是一种新型装饰石材，是一种以天然花岗石和天然大理石的石渣为骨料经过人工合成的新型装饰材料。按其生产工艺过程的不同，又可分为树脂型人造石、复合型人造石、硅酸盐型人造石、烧结型人造石四种类型，其中又以树脂型人造石应用最为广泛。

人造石能仿制出天然大理石和天然花岗石的色泽和纹理，但是相对于真正的天然石材而言，其纹理人工痕迹还是比较明显，这就类似于实木地板和复合木地板在纹理上的区别。人造石很少模仿纹理复杂的大理石，外观上更多是纯色或者斑点的花岗石状，如图2-33所示。

图 2-33 人造石台面实景图

2. 人造石在装修中的应用

室内装饰工程中采用的人造石材多为树脂型人造石，在橱柜的台面更是得到了全面的应用。在防油污、防潮、防酸碱、耐高温方面，人造石材都强于天然石材，并且其最为突出的优点是其抗污性要明显强于天然石材，对酱油、食用油、醋等基本不着色或者只有轻微着色，所以多用于橱柜、卫生间等对于实用功能要求较高的空间，尤其是在橱柜的台面上应用极多，是目前橱柜台面生产的主流产品，如图2-34所示。

图 2-34　人造石台面

2.6.2　人造石的用量计算及选购

人造石材在室内装饰装修中的用量计算与天然石材的计算方法是一致的，具体可参考天然石材的用量计算公式。

不少人还存在误区，认为天然大理石的台面才是好的，其实无论从美观性、实用性还是经济性上考虑，人造石都不逊于天然大理石，甚至在某些方面还要明显强于天然大理石。目前橱柜的制作多是找专业橱柜厂家定做，厂家通常会给出人造石的样板，业主只需要指定喜欢的样式和颜色即可。

人造石选购要点：

（1）在选购时尽量在规模较大、声誉较好的商场或专门经销商处购买，这样消费者的权益才更有保障。

（2）人造石的纹理相对天然石材来说还是有很大差距的，它们的对比就好像实木地板和复合木地板之间的对比，所以在装修中大面积采用需要慎重。

（3）如果不是厂家定制橱柜而是自己购买，可以参照大理石的选购标准，最简单的方法就是将酱油倒在样板上查看其抗油污性，同时进行磨损的测试，好的人造石有了划痕是可以用砂纸磨平的，差的用砂纸打磨只会越磨越花。

2.6.3　人造石材与天然石材的对比

1. 天然石材

优点：花纹自然，可选性较多；硬度大，密度大；耐磨损，耐水性、耐久性好。

缺点：天然石材质量较大，不能做到像人造石那样无缝拼接；弹性不足，如遇重击会产生裂缝，尤其是大理石质地较软，不适合做有承重要求的台面。此外，天然大理石和花岗石都存在一定量的辐射。

2. 人造石材

优点：外观表面光洁、无气孔，色彩美丽，基体表面有颗粒悬浮感，具有一定透明度；具有足够的强度、刚度、硬度，特别是耐冲击性、抗划痕性较好；具有耐气候老化、尺寸稳定、抗变形以及耐骤冷骤热性。

缺点：人造石硬度不够，耐刮性较差，巴氏硬度在 58～62 之间，经不起金属等锐器"刮划"，但是人造石可重新打磨翻新予以补救。

3.二者区别

天然大理石除硬度高于人造石外，其他方面是无法与人造石相比的，有些天然大理石还具有放射性物质，对人体有害。天然石材的长度不可能太长，不可能做成通长的整体台面，与现代追求的整体台面不相适宜。

人造石具有无毒、无渗透、易切削加工、色彩可随意调配、形状能任意浇筑、能拼接各种形状及图案、能与水槽连体浇筑、拼接不留痕迹等优点。

第3章 装饰陶瓷

我国是最早制作陶瓷用品的国家，现代陶瓷更是在传统陶瓷的基础上开发出了更多花色品种、更适合现代社会需求的各类陶瓷制品。对于现代装饰而言，陶瓷砖无疑是市场上最受青睐的一种材料。目前市场上陶瓷砖的主要品牌有东鹏、马可波罗、诺贝尔、欧神诺、蒙娜丽莎、冠军、罗马、斯米克，瓷砖背景墙品种则主要有孚祥、甲骨文等。

3.1 釉 面 砖

釉面砖是一种面层经过上釉后表面非常光滑的砖，由底坯和表面釉层两个部分构成，是装修中最常见的瓷砖品种。由于釉面砖表面色彩图案丰富，而且防污能力强，易于清洁，因此被广泛使用于室内的墙面和地面装饰。

3.1.1 釉面砖的介绍及应用

1. 釉面砖的介绍

陶瓷其实是一种统称，实际上分为陶制品和瓷制品两种。釉面砖根据其底坯采用的原料不同可以细分为陶制釉面砖和瓷制釉面砖。

（1）陶制釉面砖，即由陶土烧制而成，吸水率较高，强度相对较低。其主要特征是砖背面颜色为灰红色或灰黄色，应用较少。

（2）瓷制釉面砖，即由瓷土烧制而成，吸水率较低，强度相对较高。其主要特征是砖背面颜色是灰白色，应用较多。

目前，主要用于墙和地面铺设的是瓷制釉面砖。瓷制釉面砖相对于陶制釉面砖有质地紧密、易于保洁、空隙小、吸水率小的优点。釉面砖的釉面根据光泽的不同，还可以分为亮光釉面砖和亚光釉面砖。亮光釉面砖表面光泽度很高，便于清理，而亚光釉面砖表面光泽度被特别处理成了不光亮的效果，更显时尚。

釉面砖样图如图 3-1 所示。

图 3-1　釉面砖样图

2. 釉面砖在装修中的应用

墙地面釉面砖规格有很多种，选购时需要按照自己家的面积进行挑选。因为在家庭装修中釉面砖多用于厨房和卫生间，所以釉面砖一般选用 300mm×450mm 左右大小的比较合适，300mm×600mm 大小的比较流行，以前常用的 200mm×300mm 釉面砖由于砖坯差、尺寸不标准，已经处在了淘汰的边缘。

相比于瓷砖大类下的各个品种，釉面砖是其中最为低档的，所以价格也是各个砖种中最便宜的。釉面砖可用于室内的各个空间，实际中则多用于阳台、厨房等空间的地面，釉面砖装饰实景图如图3-2所示。

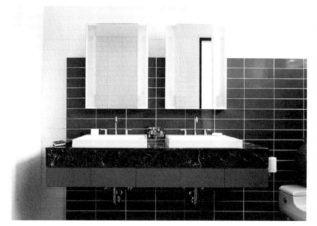

图 3-2　釉面砖装饰实景图

在购买墙面砖时通常还会搭配一些腰线砖。选用腰线砖时应注意风格搭配协调，不要用那些太花哨的即可。釉面砖腰线效果如图3-3所示。

图 3-3　釉面砖腰线效果

3.1.2　釉面砖的用量计算及选购

（1）釉面砖常用规格有152mm×152mm（43.3片/m²）、200mm×200mm（25片/m²）、200mm×300mm（16.7片/m²）等。大多数陶瓷专卖店都备有换算图表，根据面积即可查得所需的瓷砖数。有的图表只要知道贴瓷砖墙面的高度和宽度即可查出瓷砖用量，瓷砖箱上也会标明一箱瓷砖可铺贴多少面积。铺贴瓷砖时难免有损耗，因此在算总数之后，要加上一些备用数量。可以利用以下公式大致算出所需要的瓷砖量：

所需瓷砖块数 =（装饰面积 ÷ 每块瓷砖面积）×（1 + 5%）

式中5%是施工损耗量。

（2）釉面砖的选购。

1）看平整度。好的砖要边直面平，这样的砖变形小，铺贴后平整美观。也可以从包装箱内拿出任意四块瓷砖，放在平坦的地面，然后对比一下，观察四块砖是否平坦一致。如要判断瓷砖的直角度，可以丈量瓷砖的对角线，如果两条对角线的长度相等，则表明瓷砖的四角都是直角。

2）看砖色差。将几块同色号瓷砖拼放在一起，在光线下观察，好的产品色差小，产品之间色调基本一致；而差的产品色差较大，产品之间色调深浅不一。

3）看砖釉面。高品质瓷砖的釉面纯净，花色清晰，将手放在砖面上，轻轻滑动，手感细腻；从砖的侧面看，釉面较厚；在砖的背面倒些水，不会渗到砖的表面，证明质地细密、品质好。

4）看耐磨性。在要购买的釉面砖样品上用刀片等锐器较用力地划几下，无明显划痕的质量较好；划痕较为明显的质量较差，这种釉面砖在一年后甚至不到一年的时间，经常使用摩擦的地方就会失去光泽，或是露出坯体底色。

5）看抗污性。用黑色中性笔或白板笔在釉面砖表面涂画或者倒上酱油、可乐，过几分钟再擦去，能很顺利擦除的釉面抗污较好，如果擦不掉或擦除后明显还有痕迹，那么这种釉面砖的抗污性能就很差。

6）听声音。好的瓷砖敲击时声音比较清脆响亮；而不好的瓷砖敲击时声音低沉。

3.1.3　釉面砖施工图解及注意事项

釉面砖价格低廉、样式繁多，通常大量用于厨卫等空间的墙面，除了常见的 300mm×300mm 的尺寸外，目前市场上更流行采用 300mm×600mm 等长方形尺寸，再配上腰线装饰，可以得到非常不错的装饰效果。需要特别注意的是釉面砖的吸水率较高，在施工前需要充分浸水湿润，以避免干燥的釉面砖从水泥砂浆层中过度吸水，导致粘接不牢。

1. 施工图解

第一步：放样，如图 3-4 所示。

图 3-4　放样

第二步：挂好垂直线、水平线，如图 3-5 所示。

第三步：钉好平面点，如图 3-6 所示。

第四步：用水浸泡瓷片，如图 3-7 所示。

第五步：瓷片背面刮好水泥浆后铺贴，如图 3-8 所示。

第六步：清理勾缝，如图 3-9 所示。

第七步：检测平整度及牢固度，如图 3-10 所示。

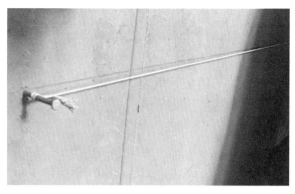

图 3-5 挂好垂直线、水平线

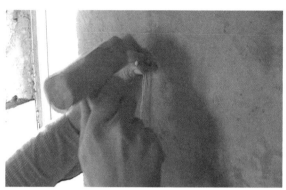

图 3-6 钉好平面点

图 3-7 浸泡瓷片

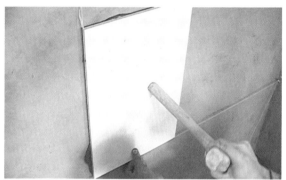

图 3-8 贴瓷片

图 3-9 清理勾缝

图 3-10 检测

2. 施工注意事项

　　釉面砖适用于室内装修的各种场所，因为表面过于光滑，防滑性很差，所以大多用于墙面。釉面砖施工时，要注意以下操作：

　　（1）留缝：铺贴时，砖与砖之间留有 2mm 的缝隙，以减弱瓷砖膨胀收缩所产生的应力。

　　（2）转角的处理：转角铺贴时，阳角磨边最好先用玻璃刀划出要磨掉的釉面，以免崩瓷，影响美观。

　　（3）错位铺贴的处理：为达到一定的艺术效果，很多业主经常采用错位铺贴。错位铺贴时应在原来留缝的基础上多留 1mm 的缝，留缝 3mm 为佳。

　　（4）组合花片的处理：表明方向的组合花片，按照花片背面所提示的方向顺序铺贴；如无提示方向，表示可以随意组合，这时可根据整体氛围来设计铺贴。

注：花片和瓷砖之间有稍微的颜色变化，这属于正常现象。

（5）瓷砖切割的处理：经由切割的瓷砖，应尽量铺在边角的地方，且切割面朝里。

（6）水泥的选择：水泥的标号不能太高，以免拉破釉面，产生崩瓷。

（7）不用包装箱纸笼盖地面：包装箱的纸用完后，不要用其笼盖地面，以免包装箱被水浸泡，有机颜料污染地面，造成清理麻烦。应使用无色的蛇皮袋或者珍珠棉覆盖地面。

3.2　马　赛　克

早在拜占庭帝国时代，马赛克（Mosaic）就随着基督教兴起而发展成为教堂及宫殿中的壁画组成形式。现代设计中也有很多采用马赛克做成壁画形式作为装饰，但是近年随着瓷砖背景墙的兴起，以其具备的更多优势，比如画面更加逼真，可以做雕刻层次等，逐步取代了马赛克壁画形式。但是，现代马赛克也发展出了多种多样的形式，在室内外得到了广泛的应用。

3.2.1　马赛克的介绍及应用

1. 马赛克的介绍

马赛克一般是由若干小块的砖组成一块相对较大的砖，因其小巧玲珑、色彩斑斓而被广泛使用于室内小面积地、墙面及室外大小幅墙面和地面。马赛克在今天不再是陶瓷的专利，很多材料都被设计成为马赛克的形式。按材料不同，马赛克大致上可以分为陶瓷马赛克、玻璃马赛克、金属马赛克三大种。外形上马赛克以正方形为主，此外还有少量长方形和异形品种。

（1）陶瓷马赛克。陶瓷马赛克是最传统的一种马赛克，价格低廉，颜色和纹理较为单调，档次较低，在应用上不仅厨卫阳台等室内空间会用到，在建筑外立面上也会大量采用。陶瓷马赛克通过喷釉而形成陶瓷面，可以认为是小型的釉面砖。陶瓷马赛克分为光面和哑面两种。哑面具有防滑功能，更适合于厨房、洗手间等需要防滑的空间。实景效果如图 3-11 所示。

（2）玻璃马赛克。玻璃马赛克是用高白度的平板玻璃，经过高温再加工，熔制成色彩艳丽的各种款式和规格的马赛克。无毒、无放射性元素、耐碱、耐酸、耐温、耐磨、防水、高硬度、不褪色等相对于装饰材料而言的严格要求它几乎都能达到，而且由于玻璃本身所具有的晶莹剔透、光洁亮丽、艳美多彩的特性，在不同的光照效果下更是能产生丰富的立体视觉，所以在近年来大受欢迎。实景效果如图 3-12 所示。

（3）金属马赛克。金属马赛克是马赛克中的奢侈品，有很多种做法，一般是在陶瓷马赛克表面熔上一层金属；也有的是在表面粘一层金属膜，上面覆盖水晶玻璃；更高档的是采用真正的金属材料制作，价格很贵。样图如图 3-13、图 3-14 所示。

2. 马赛克在装修中的应用

由于马赛克小巧的规格，可以拼出各种颜色的混色、渐变色效果以及漂亮的图案。拥有上百种的颜色和正方形、长方形、菱形、圆形、异形等大小不同的规格，在设计造型时有多种优美组合，所以被广泛应用于室内地面、墙面、游泳池、喷水池、浴池、厨房、卫生间、阳台等处，甚至被用在电视背景墙和家具台面装饰上，如图 3-15 所示。但在使用时也要考虑马赛克间过多的缝隙容易积聚灰尘及油渍，非常难于打理的问题。

图 3-11　陶瓷马赛克实景效果

图 3-12　玻璃马赛克实景效果

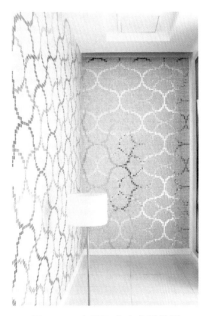

图 3-13　金属马赛克实景效果

图 3-14　金属马赛克电视背景墙

图 3-15　马赛克卫生间

3.2.2　马赛克的用量计算及选购

马赛克的用量计算及选购基本和釉面砖一样，可以参见"釉面砖的用量计算及选购"一节。

3.2.3　马赛克施工步骤

马赛克施工与瓷砖铺贴大体相同，这里仅简单介绍施工步骤，不再进行详细的图解。

施工步骤：

（1）确定施工面平整且十净，打上基准线后，用 1∶3 水泥砂浆将铺贴面找平至垂直、方正、平整，其误差不大于 1‰。

（2）将作业面薄刮 2mm 白水泥浆（加白乳胶或胶水）或用黏结剂将马赛克铺上，每张马赛克之间应留有适当的空隙。每贴完一张即以木条将马赛克压平，确定每处均压实且与黏结剂间充分结合。

（3）填缝。用工具将填缝剂或白水泥等充分填满马赛克缝隙。

（4）清洗。用湿海绵将附着于马赛克上多余的填缝剂清洗干净，再以干布擦拭，即完成施工步骤。

3.3　仿　古　砖

仿古砖多仿造以往的样式做旧，有着古典的独特韵味，这也是仿古砖名字的由来。仿古砖是从彩釉砖演化而来，实质上是上釉的瓷质砖。与普通的釉面砖相比，其差别主要是仿古砖通过样式、颜色、图案、纹理营造出怀旧的氛围。

3.3.1　仿古砖的介绍及应用

1.仿古砖的介绍

现在市场上非常流行的仿古砖即为亚光的釉面砖，所谓"仿古"就是故意将釉面砖表面打磨成不规则纹理,造成经岁月侵蚀的外观,给人以古旧、自然的感觉。

仿古砖既保留了陶质的质朴和厚重,又不乏瓷的细腻润泽,加上瓷砖本身花色易于搭配组合、表面易于清理,越来越受到人们的青睐。仿古砖的图案以仿木、仿石材、仿皮革为主,也有仿植物花草、仿几何图案、仿织物、仿墙纸、仿金属等。仿古砖样图如图 3-16 所示。

在色彩运用方面,仿古砖多采用自然色彩,包括单色和复合色,如图 3-17 所示。

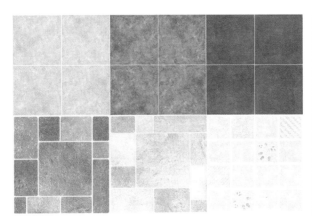

图 3-16 仿古砖样图

图 3-17 仿古砖单色效果

2. 仿古砖在装修中的应用

仿古砖颜色通常较深,多为黑褐、陶红等古旧颜色,因为纹理的原因,表面看似凹凸不平,相对于亮光釉面砖有更好的防滑性。在室内装饰日益崇尚自然、复古的风格中,古朴典雅的仿古地砖日益受到了市场的追捧,广泛应用在室内各个空间,如图 3-18、图 3-19 所示。

图 3-18 仿古砖在卫生间上的应用

图 3-19 仿古砖在墙面上的应用

3.3.2 仿古砖的用量计算及选购

仿古砖的用量计算基本和釉面砖一样,具体可参考"釉面砖的用量计算及选购"部分内容。

在选购仿古砖时,可以通过测吸水率、听敲击声、刮擦砖面、细看纹理等方法来鉴别仿古砖的优劣,要点如下:

(1)掂量重量。一般质量好的仿古砖都比较重,原因是如果砖的致密度高,各方面性能也就更好,当然重量自然就更重。

（2）听声音。轻敲击仿古砖时，如果声音清脆则质量好。

（3）刮擦砖面。质量好的仿古砖即使用硬物划一下釉面也不会留下痕迹，而且同批砖片色差非常小，光泽、纹理一致。

（4）摸表面。质量好的仿古砖手感细腻、顺滑。

（5）测吸水率。可以在瓷砖背面倒上水，好的仿古砖吸水率都比较低，劣质仿古砖则相反。

为了长期保持装修效果，正确的保养方法非常重要，业主可根据以下保养维护要点对仿古砖进行养护。

（1）对于一般的日常生活污迹，可以用洗洁精做简单清洁。

（2）对于一些特殊的污迹要特殊处理，类似茶迹、墨水等具有强染色性的液体，应当及时处理，否则很可能会造成擦拭不掉的后果，这点需要特别注意。

（3）仿古砖若出现划痕，消费者可以把牙膏涂于划痕处，轻轻擦拭后便可适当恢复。

3.3.3　仿古砖施工图解及注意事项

仿古砖多属于釉面砖的一种，具体施工图解及施工时所需注意的问题可参考"釉面砖施工图解及注意事项"部分内容。

3.4　抛光砖、玻化砖

抛光砖、玻化砖均属于通体砖，通体砖的表面不上釉，正面和反面的材质和色泽一致，因此而得名。抛光砖是将岩石碎屑经过高压压制而成，表面抛光后坚硬度可与石材相比。但因为在抛光过程中会产生毛细孔，所以抛光砖抗污性能较差，陶瓷厂家为解决抗污问题，又推出一种叫玻化砖的品种，玻化砖是抛光砖的升级产品，是用超微细粉末经过更高的压力压制而成，并采用更高的温度烧制成全瓷化，表面不经过抛光而只需打磨就能得到光亮如镜的效果，所以在市场上有时会被称做全瓷砖，是硬度最高的瓷砖品种，也是目前最为常见的地砖品种，其抗污性能更强。

抛光砖、玻化砖表面上看是一样的，市场上经常将这两种砖混称为抛光砖，但是玻化砖吸水率更低。通常吸水率低于 0.5% 的瓷砖都称为玻化砖，抛光砖吸水率低于 0.5% 时也属于玻化砖，高于 0.5% 时就只能是抛光砖而不是玻化砖了。

3.4.1　抛光砖、玻化砖的介绍及应用

1. 抛光砖的介绍及应用

抛光砖是在通体砖坯体的表面经过机械研磨、抛光，表面呈镜面光泽的陶瓷砖种。抛光砖耐污性能较差，因为其表面经过了抛光处理，表面毛细孔较多，但是正是因为抛光技术的采用，所以表面非常光洁。

抛光处理是一种板材的表面处理技术，不仅在抛光砖上有采用，在大理石和花岗石等天然石材上也经常采用，经过抛光处理后，板材表面看起来就会光亮很多。

抛光砖硬度很高，非常耐磨，在抛光砖上运用渗花技术可以制作出各种仿石、仿木的外表纹理效果，如图 3-20 所示。

抛光砖的常用规格有 500mm×500mm、600mm×600mm、800mm×800mm、1000mm×1000mm。抛光砖质地坚硬耐磨，但抗污性较差，因而适用于除洗手间、厨房和餐厅以外的多数室内空间。抛光

砖实景图如图 3-21 所示。

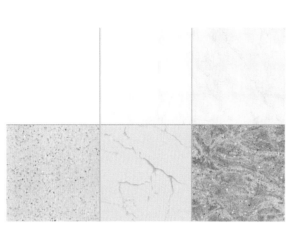

图 3-20 抛光砖样图   图 3-21 抛光砖实景图

2. 玻化砖的介绍及应用

玻化砖全名应该叫玻化抛光砖,是由优质高岭土强化高温烧制而成,表面光洁但又不需要抛光,因此不存在抛光气孔的问题。其吸水率小、强度高,质地比抛光砖更硬、更耐磨,抗污能力也相对较强。玻化砖是所有瓷砖中最硬的一种,不容易被刮出划痕。

玻化砖的常用规格有 500mm×500mm、600mm×600mm、800mm×800mm、1000mm×1000mm。玻化砖样图如图 3-22 所示。

玻化砖可以用于室内的各个空间,但和抛光砖一样,因为其表面过于光洁而不适合用在厨房、卫生间、生活阳台等积水较多的地方。玻化砖有各种纹理和颜色,在外观上和抛光砖很相似。玻化砖实景图如图 3-23 所示。

图 3-22 玻化砖样图   图 3-23 玻化砖实景图

3.4.2 抛光砖、玻化砖的用量计算及选购

抛光砖、玻化砖的选购标准以及在装修中的用量计算,基本上与釉面砖的计算方法是一样的,具体可参考"釉面砖的用量计算及选购"部分内容。但值得提醒的是:

抛光砖的最大优点就是表面经过抛光处理后非常光亮,但也正是因为经过抛光处理,抛光砖表面

会留下凹凸气孔，这些气孔容易藏污纳垢。所以抛光砖的耐污性能较差，油污等物较易渗入砖体，甚至一些茶水倒在抛光砖上都会造成不能擦除的污迹。针对这一问题，一些品牌瓷砖生产厂家在抛光砖生产时会加上一层防污层以增强其抗污性能，但是也不能从根本上解决抛光砖抗油污性能差的问题。

玻化砖比较耐脏也只是相对于抛光砖而言。玻化砖在经过打磨后，毛气孔暴露在外，油污、灰尘等容易渗入，这是一个行业公认的难题。但有些厂家经过研究已经通过新技术解决了这个难题，比如东鹏陶瓷的玻化砖，在产品出厂前就做好表面防污处理，将毛气孔堵死，使污物不能渗入。但并不是所有这类产品的厂家都有这道防污处理的工序，因为这并未列入该类产品的国家标准中，很多品牌的玻化砖产品没有经过防污处理就作为合格产品出厂销售，消费者不了解情况，铺装使用时不注意，就会发生污迹斑斑的情况。消费者要在购买时间清楚，未做防污处理的玻化砖在使用中要打蜡，一般的地板蜡就可以。铺装前为避免施工中损伤砖面，应用编织袋、纸皮等不易脱色的物品把砖面盖好。

3.4.3　抛光砖、玻化砖施工图解及注意事项

1. 施工图解

抛光砖、玻化砖的施工工艺以用作地面装饰时的铺贴为例，其步骤为：

第一步：根据房间的大小及地砖的规格进行排版，拉好十字线并根据水平线定好地面标高，如图3-24 所示。

第二步：搅拌水泥砂浆，水泥与沙的比例一般为 1 : 3 或者 1 : 2.5，水泥标号不能低于 425 号，沙用中粗砂，含泥量不能高于 3%，如图 3-25 所示。

图 3-24　拉好十字线、定地面标高

图 3-25　搅拌水泥砂浆

第三步：用水湿润地面，如图 3-26 所示。

第四步：刷好水泥油，如图 3-27 所示。

图 3-26　湿润地面

图 3-27　刷好水泥油

41

第五步：做底浆，在瓷砖背面刮水泥砂浆进行地砖铺贴，如图3-28所示。

图3-28　铺贴地砖

第六步：敲实地砖并清洁地表面污迹，如图3-29、图3-30所示。

图3-29　敲实地砖　　　　　　　　　图3-30　清洁地表面污迹

2. 施工注意事项

（1）铺贴前，检查包装所示的产品批次、型号、等级是否统一，同一批次的最好，如果批次不同，会有细微的色差。

（2）铺贴之前应先将墙面或地面处理平整。建议采用325号水泥，干铺法参考比例：基础层，水泥：细砂＝1：3；粘贴层，水泥：细砂＝1：2（白色系列抛光砖建议用白水泥）。铺贴时接缝多在1～3mm之间调整。

（3）地砖图案拼花特征明显的，要认准其拼花特征统一方向铺贴，图案特征不明显或无图案的，需结合施工效果要求铺贴。铺贴完工后，应及时将残留在砖上面的水泥污渍抹去。

（4）在施工时要求工人将橡皮锤用白布包裹后再使用。防污性能不好的砖在用皮锤敲打砖面时会留黑印，较难清洗。对于刚铺好的地砖，必须用珍珠棉或者纸盒盖住进行保护，防止后续施工时沙子等硬物磨伤砖面，以及装修时使用的涂料油漆以及胶水滴在砖面。

（5）刚刚铺贴完成，不能在砖面上走动，此时由于砖未干燥固定，在表面踩动，会人为地造成砖面高低不平和起翘松动。如果遇特殊情况必须走过砖面时，要轻轻地踩在砖中间过，切不可踩边缘，更不能踩四个角。

3.5 微 晶 石

微晶石在业内称为微晶玻璃复合板材，是将一层 1～3mm 厚的微晶玻璃（通常表面微晶玻璃层越厚越好）复合在陶瓷玻化石的表面，经二次烧结后完全融为一体的高科技产品。在国际上被誉为 21 世纪最新建筑装饰材料，是高档天然石材的最佳替代产品。

3.5.1 微晶石的介绍及应用

1. 微晶石的介绍

因为表面的微晶玻璃层，微晶石比常规的瓷砖看起来更加晶莹、光洁、亮丽，装饰效果非常突出。微晶石和常见的玻璃看起来很不一样，它同时具有玻璃和陶瓷的双重特性，而且在外表上看更倾向于陶瓷。大理石、花岗石等天然石材表面粗糙，可以藏污纳垢，微晶玻璃就没有这种问题。与天然石材相比，微晶石还具有强度均匀、工艺简单、成本较低等优点。微晶石装饰板样图如图 3-31 所示。

2. 微晶石在装修中的应用

微晶石是很有发展前途的 21 世纪的新型装饰材料。虽然目前在国内的应用不是很广泛，但其在国内的发展势头良好。很多北京的奥运建筑和上海的世博会建筑都采用了微晶石进行装饰。对于家庭装修而言，也可以考虑采用微晶石来替代天然大理石

图 3-31 微晶石装饰板样图

43

和花岗石在装修中应用，尤其是在地面拼花方面，采用微晶石效果美观、大气，档次更高，远强于传统的大理石拼花，如图 3-32、图 3-33 所示。

图 3-32 微晶石装饰地面效果

图 3-33　孚祥微晶石地面拼花效果

3.5.2　微晶石的用量计算及选购

　　微晶石在装修中的应用与大理石、花岗石等基本上是一样的，其用量计算也可参考大理石时用量计算进行。而在选购方面，微晶石在材质上更倾向于陶瓷制品而不是玻璃，但是光泽度又较陶瓷制品更高，在选购时可依据陶瓷制品的选购方式。

3.6　陶　瓷　薄　板

　　陶瓷建材行业始终存在着"高污染、高耗能、高资源消耗"的三高现象。陶瓷薄板的问世，引领装饰陶瓷材料向着节能、环保的方向发展。在国内市场陶瓷薄板刚刚起步。陶瓷薄板（简称薄瓷板）是一种由高岭土黏土和其他无机非金属材料，经成型和1200℃高温煅烧等生产工艺制成的板状陶瓷制品，其最大的特点就是薄。

3.6.1　陶瓷薄板的介绍及应用

　　1.陶瓷薄板的介绍
　　陶瓷薄板在保证产品使用功能的情况下，最大限度实现产品的薄形化，产品厚度小于5.5mm，远低于常规瓷砖10～12mm的厚度；较同类产品节约60%以上的原料资源，降低综合能耗50%以上。陶瓷薄板有着"硬、薄、轻、大"的特点，质感好、色泽丰富，不掉色、不变形，耐磨性、耐损性、耐久性强，吸水率低，其样图如图3-34所示。各项材料性能远超传统陶瓷、石材、铝塑板等材料，是家居建材产品的首选。

44

图 3-34　陶瓷薄板样图

2.陶瓷薄板在装修中的应用

陶瓷薄板不仅可应用于室内装饰装修，还可广泛应用于各类公共建筑、居住建筑以及高层建筑物等，应用效果和传统瓷砖一样，这里不再举例。

此外，目前陶瓷薄板被大量应用于装饰画的制作，孚祥、甲骨文等国内品牌背景墙厂家将背景墙生产技术延伸入薄板装饰画制作中。新开发出来的薄板雕刻装饰画除了具有传统装饰画画面逼真的特点外，还可以在陶瓷薄板上进行雕刻，形成画面的凹凸层次，一举突破传统装饰画平面画面的特点，具备多层次立体感，实现了装饰画画面从二维平面到三维立体的突破，整体效果高端大气，且耐用性极强，可水洗，长时间使用也不会褪色，如图 3-35 所示。

图 3-35　3mm 陶瓷薄板雕刻装饰画效果

3.6.2　陶瓷薄板的用量计算及选购

陶瓷薄板虽为新型节能、环保的装饰陶瓷材料，但其用量计算与釉面砖等传统陶瓷基本无异，具体可参考釉面砖的用量计算部分内容。在选购陶瓷薄板时，除了注意厚度越薄越好外，还可以综合陶瓷薄板耐磨、耐损、吸水率低等特点，去购买自己心仪的陶瓷薄板纹理或色彩。

3.6.3　陶瓷薄板施工图解及注意事项

施工前：陶瓷薄板对施工作业基层平整度的要求较高，其误差不得超过 ±5mm，因此铺贴陶瓷薄板前应将基底处理平整、坚实、洁净。

施工时：陶瓷薄板不适合采用传统的水泥砂浆铺贴，而应选用黏结性更强、流动性更弱的瓷砖胶薄贴，铺贴时用齿形刀均匀梳理胶粘剂，齿形应饱满、清晰，铺贴墙面时胶粘剂厚度以 5mm 为宜，铺贴地砖时胶粘剂厚度以 10mm 为宜，并用橡皮锤等轻敲，令瓷砖与胶粘剂粘得更牢，多余胶粘剂应立即清除。

3.7　抛　釉　砖

抛釉砖又称釉面抛光砖，常规的釉面是不可以进行抛光处理的，但是抛釉砖是由一种可以在釉面进行抛光工序的特殊配方釉——全抛釉制作而成。全抛釉砖集抛光砖与仿古砖优点于一体，釉面如抛光砖般光滑、亮洁，同时其釉面花色如仿古砖般图案丰富、色彩厚重或绚丽。

3.7.1 抛釉砖的介绍及应用

1. 抛釉砖的介绍

抛釉砖集合了抛光砖、仿古砖、釉面砖三种产品的优势，产品完全释放了釉面砖哑色暗光的含蓄性，解决了抛光砖易藏污的缺陷，具备了抛光砖的光泽度、瓷质硬度，同时也拥有仿古砖的釉面高仿效果，以及釉面砖釉面丰富的印刷效果，如图 3-36 所示。

图 3-36　抛釉砖样图

抛釉砖在装饰效果上比抛光砖要强一些，但由于技术障碍及与抛光砖对比并没有太大优势，工艺设备也不够成熟，因此抛釉砖在国内生产得还较少。釉面太厚（1mm 以上）的抛釉砖则容易在烧制时产生大量气泡，使产品抛后防污能力差、失光；釉层太薄，釉面砖总多少会有些变形，抛光时易产生漏抛或局部露底现象。因此，大批量生产时，产品品质难保证，优等品难以稳定。

2. 抛釉砖在装修中的应用

抛釉砖因为印花方式很多、图案清晰、色彩鲜明，常被应用于墙地面装饰材料。但它特别易被类似于沙子、小石子等尖锐硬物剐蹭，且划痕明显。如果用于地面，家庭用户在使用时，进屋最好换拖鞋。此外，抛釉砖也可以用于背景墙的制作，相比于常规的瓷砖背景墙，其纹理效果更为突出，但是缺点是如果采用抛釉砖进行背景墙制作，雕刻上只能做阴雕效果，如图 3-37 所示。

图 3-37　抛釉砖背景墙效果

3.7.2 抛釉砖的用量计算及选购

抛釉砖一般没有小规格，常见的有 600mm×600mm、800mm×800mm 这两种规格，适合用于大面积场所的墙地面装饰。在装修中的用量计算可参照"釉面砖的用量计算"部分内容。

在选购抛釉砖时，需要注意以下几点：

（1）注意抛釉砖表面是否有气泡，无气泡的才是优等品。

（2）注意抛釉砖的清晰度，好的抛釉砖精度很高，非常清晰，而有些抛釉砖细看则明显带有印刷的网纹。

3.8 抛 金 砖

抛金砖是在抛釉砖的基础上增加电气镀的高科技电镀技术，在纹样边缘增加黄金色或白金色而制成的，具有强烈的金属质感。

3.8.1 抛金砖的介绍及应用

1. 抛金砖的介绍

抛金砖是一种新产品，当然越新的技术，价格也就越高。与传统的瓷砖产品相比，抛金砖最大的特色就是表面经过电镀，有金属质感，效果非常强烈，当各种瓷砖摆放在一起时，具有金属质感的抛金砖很容易从众多砖种中跳跃出来，如图 3-38 所示。

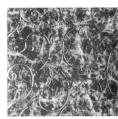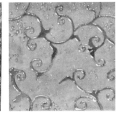

图 3-38 抛金砖样图

2. 抛金砖在装修中的应用

抛金砖适用于豪华的装修场所，但是在家庭装修中使用尤其是大面积使用时需要慎重，其电镀工艺会造就奢华的感觉，大面积使用那些电镀较多的抛金砖后，非常晃眼，选购时需要根据装修风格和豪华程度进行选择，如图 3-39 所示。

图 3-39 抛金砖地面拼花效果

3.8.2 抛金砖的用量计算及选购

装修中抛金砖的选购和用量计算方法可参照"釉面砖的用量计算及选购"部分内容。

3.9 瓷砖背景墙

瓷砖背景墙最早诞生于欧美发达国家，运用当代最新的印染技术，加上特殊的制作工艺，可以把所喜爱的图案或者画面印制或雕刻到日常所见的各种瓷砖上，釉面砖、抛光砖、玻化砖、抛釉砖、微晶石均可用于背景墙制作，让每一片常规的瓷砖成为一件件艺术品，再把瓷砖铺设在室内墙面上就成为了瓷砖背景墙。

瓷砖背景墙可以提供个性定制，可根据家庭需要装修的背景墙实际尺寸来进行定做，图案画面个性选择、独一无二的体验逐渐让其成为人们背景墙装修的首选。

3.9.1 瓷砖背景墙的介绍及应用

1.瓷砖背景墙的介绍

瓷砖背景墙是在瓷砖上进行图案雕刻后再上色，效果很逼真，具有永不褪色、防水防潮、经久耐用的特点。由于瓷砖背景墙是个性化定制，其最大特点是独特性。目前很多楼盘交楼标准为精装修交楼，精装修交楼具有省心省事的特点，但是也存在一个问题，家家户户装修大同小异，无法适应当前普遍追求的个性化设计的要求，而瓷砖背景墙的诞生可以很大程度弥补这种不足。

瓷砖背景墙主要有平面和精雕两种工艺，两者的画面是一样的。但是精雕相对平面增加了雕刻工艺，画面具有凹凸感。所以精雕背景墙除了具有画面效果外，还有非常漂亮的层次感与雕刻效果。

背景墙主要是指客厅、卧室里面能反映装修风格的一面主墙，一般电视摆放的位置或者床的靠背位置，也就是空间视觉中心，是装修的重点区域。瓷砖背景墙的装修效果非常高档大气，而且可以个性化定制，业主可根据自己的装修风格和喜好来选择背景墙图案，如中式风格、欧式风格、现代风格等。

2.瓷砖背景墙在装修中的应用

在装饰装修中的瓷砖背景墙可分为电视背景墙、玄关背景墙、沙发背景墙、卧室背景墙、餐厅背景墙等。

（1）电视背景墙：主要是指在客厅摆放电视的那面墙，在办公室等工装空间则属于形象墙位置，均属于装修设计的重点区域，最能体现整体装修风格和档次，如图3-40所示。

（2）玄关背景墙：在装修设计中，人们往往最重视客厅的装饰和布置，而忽略对玄关的装饰。其实，在房间的整体设计中，玄关是给人第一印象的地方，是反映主人文化气质和装修档次的"脸面"，如图3-41所示。

（3）沙发背景墙：客厅中除放置电视和音响的影视墙之外，还有一面沙发背后的墙，俗称沙发背景墙。常规做法通常是在沙发背景墙的位置挂上几幅装饰画，但是如果在沙发背景墙上采用瓷砖背景墙进行装饰，效果则会更加突出，如图3-42所示。

（4）卧室背景墙：卧室是最私密也是最具个性的地方，其布置得好坏直接影响到人们的生活、工作和学习，所以卧室也是家庭装修的设计重点之一，卧室背景墙的选择可以体现一个人的内在，如图3-43所示。

图 3-40　电视背景墙

图 3-41　玄关背景墙

图 3-42　沙发背景墙

图 3-43　卧室背景墙

（5）餐厅背景墙：餐厅的装修也是装修设计的一大要点，餐厅背景墙的个性定制，能让餐厅更具温馨气息，如图 3-44 所示。在餐厅背景墙的设计装修过程中，应该注意色彩的使用和搭配，切忌花色过多过杂，进而影响食欲。

图 3-44　餐厅背景墙

3.9.2　瓷砖背景墙的用量计算及选购

瓷砖背景墙的用量无需计算。由于瓷砖背景墙个性化定做的特点，使用者只要提供需要做的背景墙尺寸，即可以根据尺寸进行定做，画面也可依据使用者提供的尺寸进行调整。

选购要点如下：

（1）选品牌瓷砖背景墙从国外发展到国内，兴起的时间较短，生产技术上水平参差不齐，选择一些国内知名背景墙品牌，如孚祥、甲骨文等更有保障。

（2）耐刮性：很多商家在瓷砖背景墙销售时均号称 50 年不褪色，但是其实只有颜色渗入砖体才能保证不褪色，而颜色真正渗入砖体，即使用刀尖等尖锐物体用力刮出火星，颜色也不会掉，只会在瓷砖表面形成因为高温摩擦产生的黑痕。目前国内能够生产出具有强耐刮性瓷砖背景墙的只有孚祥等少数厂家，那些质量不好的瓷砖背景墙，用刀尖一刮，直接就会露出底砖的灰白色。

（3）原砖：因为瓷砖背景墙大多是采用玻化砖制作，原砖的质量是一个关键，就目前看，采用汇亚品牌的超白砖制作的瓷砖背景墙是目前最好的选择，业主在选购时可以特别问清楚这点。

（4）色彩：色彩还原度也是一个重要指标，目前有些厂家因为机器设备不过硬，无法还原画面的色彩，很多厂家开始采用原砖喷白漆做底，再在白漆上做画面的方法，这样一来，颜色还原是达到了要求，但是耐刮性极差，而且时间一长必然会褪色或变色。

（5）立体感：精雕的瓷砖背景墙是目前最畅销的产品，按照标准，精雕的深度要达到 0.6mm 以上，但是很多厂家偷工减料，深度只有 0.2～0.4mm，立体感要差很多，这点在选购时也需要特别注意。

3.9.3　瓷砖背景墙施工注意事项

（1）通常瓷砖背景墙由若干块瓷砖组成，背面都标有编号，在铺贴前先把整幅图拼好，按顺序贴上，以免贴错。

（2）相比于水泥砂浆铺贴，瓷砖胶粘贴更牢固，而且不易空鼓，价格便宜，购买也方便，建议用瓷砖胶进行铺贴。不仅瓷砖背景墙，普通墙砖、地砖的铺贴也可以采用瓷砖胶铺贴。

（3）瓷板应先从下往上贴，首先铺贴好最底层的瓷板，如果朝地边没有支撑物，应在铺贴胶粘剂凝固之前用物体支撑着瓷板。

（4）如需打磨，勿用力过猛；如需开孔时，最好选择开孔器钻孔。

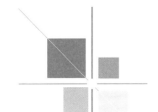

第4章 装饰木地板

木地板显示自然本色，使人感到亲切，更适合于居室空间的设计要求。但相比瓷砖而言，木地板尤其是实木地板在保养和清理上要麻烦得多，所以目前趋势是木地板和瓷砖混用，即在一些较私密的空间，比如卧室等处用木地板，在公共空间如过道或客厅等处用瓷砖。这样即兼顾了实用性，而且打破了整体室内空间、地面的单一感觉。

目前市面上的木地板主要有实木地板、复合木地板、实木复合地板、竹木地板四种。常见知名木地板品牌主要有圣象、北美风情、吉象、欧典、菲林格尔、德尔、柏高、福人、彩蝶、大自然等。

4.1 实 木 地 板

实木地板是采用天然木材，经过烘干、加工后制成条板或块状的地面铺设材料。它基本保持了原材料自然的木纹理，脚感舒适，是近些年装修中最受欢迎的一种地面装饰材料。

4.1.1 实木地板的介绍及应用

1. 实木地板的介绍

实木地板（又称原木地板）主要以从欧洲、美国、东南亚等国家和地区进口的优质硬木为原料直接加工而成。实木地板的优点很突出，主要有以下几点：

（1）表面为天然木色和纹理，自然美观，具有很漂亮的视觉效果。

（2）自重轻、弹性好，摩擦系数小，脚感舒适。

（3）具有良好的保温、隔热、隔音、吸音、绝缘性能。

（4）结构简单，施工方便，且用旧后可经过刨削、除漆后再次油漆翻新。

实木地板优点突出，但其缺点也明显，它对施工工艺要求较高，防火、防潮、防腐的性能较差，安装工序多，后期维护较麻烦，木材的含水率不容易掌握，在湿度变化较大的地方使用则会发生变形。如果施工人员的水平不够，往往会造成一系列的问题，例如起拱、变形等。有不少的公司把实木地板像复合木地板一样直接铺于地面而不做任何处理，这样造成问题的几率自然就更高了。

实木地板板材种类有国产和进口两大类。国产常用的材料有桦木、水曲柳、枫木、柞木等。进口常用的材料有甘巴豆、印加木、摘亚木、香脂木豆、蚁木、柚木、李叶苏木、二翅豆、四籽木、铁线子等。

实木地板选用的树种有很多，越名贵的树种其价格也越贵，其主要品种如图4-1所示。

2. 实木地板在装修中的应用

实木地板产品的常用规格有很多种，很多人认为越长越宽的越好，实际上木地板越长越宽，变形的概率就越大，通常最佳尺寸是长度600mm以下、宽度75mm以下、厚度12～18mm即可。

实木地板因为后期的保养比较麻烦，所以在公共空间应用较少，更多的是应用于家居装饰中，在客厅、卧室、书房等空间均有大量采用。实木地板装饰效果如图4-2所示。

木 材 名 称：重红娑罗双
拉 丁 名：Shoree spp
木 材 来 源：印尼
俗 称：玉檀
材性及用途：气干密度 0.81 ~ 0.89g/cm³，材质坚硬，纹理交错，组织细腻、均匀，少开裂，极耐腐，耐虫蛀，适用于地板、码头、船甲板、高级家具等。

木 材 名 称：印茄
拉 丁 名：Merbau
木 材 来 源：印尼
俗 称：菠萝格
材性及用途：气干密度 0.81 ~ 0.94g/cm³，材质坚硬，纹理交错，花纹美观，材料性能稳定，芯材经久耐用，适用于地板、高级家具、室内装饰等。

木 材 名 称：红山樟
拉 丁 名：Cinnamomum sp
木 材 来 源：印度尼西亚
俗 称：山樟
材性及用途：气干密度 0.68 ~ 0.75g/cm³，木材光泽度强，新切面樟脑气味浓厚，强度适中，干缩小，耐腐性强，耐潮，抗虫蛀，木质优良，纹理雅致，是制作地板的优良材料。

木 材 名 称：榄仁木
拉 丁 名：T. catappa. 1
木 材 来 源：马来西亚
俗 称：塔里塞
材性及用途：气干密度 0.87 ~ 0.94g/cm³，色泽金黄或褐黄，有美丽的条状花纹，纹理中细短黑线点缀，大方而不失俏丽；木质适中，材料性能稳定。

木 材 名 称：木莲
拉 丁 名：Manglielia sp
木 材 来 源：缅甸
俗 称：黄楠 金丝柚
材性及用途：气干密度 0.45 ~ 0.64g/cm³，纹理直，年轮明显，芯材耐磨，稳定性佳，适用于制作地板。

木 材 名 称：百丽金檀
拉 丁 名：M. balsamum
木 材 来 源：南美洲
俗 称：香脂木豆
材性及用途：气干密度 0.85 ~ 1.03g/cm³，纹理交错，组织细腻、均匀，质量大，强度高，耐腐耐磨，适用于制作高级地板、家具等。

图 4-1　实木地板主要品种

图 4-2　实木地板装饰效果

4.1.2　实木地板的用量计算及选购

1. 用量计算

装饰木地板的用量和瓷砖用量的计算方法基本一致，主要有以下两种方法。

粗略的计算方法：　（房间面积 ÷ 地板面积）×（1 + 5%）= 使用地板块数

其中 5% 为施工损耗量。

精确的计算方法：

（房间长度 ÷ 地板长度）×（房间宽度 ÷ 地板宽度）= 使用地板块数

以长 6m、宽 4m 的房间为例，假设选用的是市场上常见的 900mm×90mm×18mm 规格木地板，计算如下：

房间长 6m ÷ 板长 0.9m ≈ 7 块

房间宽 4m ÷ 板宽 0.09m ≈ 45 块

长 7 块 × 宽 45 块 = 用板总量 315 块

再加上木地板施工时通常损耗量为 5%～8%，大约为 16 块，那么总共需要木地板 331 块。如果是按照面积购买，只要用总块数乘以单块面积即可。

总之，工程量的结算最终还是要以实量尺寸为准，以图纸计算还是难免会有所偏差。面积的计算直接关系到预算的多少，是甲乙双方都非常重视的一点，力求做到精确。

2. 选购要点

（1）级别。实木地板分ＡＡ级、Ａ级、Ｂ级三个等级，ＡＡ级质量最高。购买时最好去一些正规的品牌专卖店，正规企业都对产品有一定的保修期，凡在保修期内发生的翘曲、变形、干裂等问题，厂家负责修换，可免去消费者的后顾之忧。

（2）含水量。含水率需控制在 10%～15% 之间，含水量过高是导致起拱、变形的重要原因。因为各地湿度不一样，相对而言，北方木地板含水量应在 10% 左右，南方则应该在 12% 左右。

（3）板面、漆面质量。选购时关键看漆膜是否均匀、丰满、光洁，无漏漆、鼓泡、孔眼等问题；同时检查基材，看地板是否有死节、活节、开裂、腐朽、菌变等缺陷。实木地板因为完全取材于天然木材，客观上存在色差和花纹不均匀的现象，若过分追求地板无色差，是不合理的，只要在铺设时根据色差和花纹再进行调整即为合格产品。

（4）加工精度。可以将实木地板开箱后取出 10 块徒手拼装，观察企口咬合程度、拼装间隙、相邻板间高度差，若严格合缝，手感无明显高度差即可。

（5）识别实木地板树种。有的厂家为了促进销售，将木材冠以各式各样不符合木材学的名称，如樱桃木、花梨木、金不换、玉檀香等名称；更有甚者，以低档充高档木材，消费者一定不要为名称所惑，弄清实木地板本身材质是什么，以免上当。

（6）长度、宽度。实木地板宜短不宜长，宜窄不宜宽。实木地板并非越长越好，建议选择中短长度地板，太长的实木地板相比更易变形。而在购买时应多买一些作为备用，一般 20m² 房间材料损耗在 1m² 左右，所以在购买实木地板时，不能只按实际面积购买，以防止日后地板搭配出现色差等问题。

（7）确定铺设单位。现在实木地板的铺设可以由商家和装修公司提供，建议购买哪一个商家的地板就请哪一家的商家铺设，以免出现问题商家和装修企业互相推脱责任。

4.1.3　实木地板的保养方法

实木地板使用不当会造成实木地板出现质量问题，比如：用水淋湿或用碱水、肥皂水擦洗，这样会破坏油漆的光亮度；夏季没有注意拉好窗帘，使得窗前地板经灼热阳光曝晒后变色开裂；或是空调温度开得过低，使白天和晚上温差变化过大，引起地板膨胀或收缩过于剧烈而造成变形开裂等。所以，使用实木地板一定要注意保养。以下是木地板在使用过程中的一些保养诀窍：

（1）防水。这点对于所有木地板都适用，实际上只有防潮的木地板而没有真正不怕水的木地板，一旦木地板上有水，应立即用抹布擦干，保持干燥。如果不慎发生大面积水浸泡，发现后应该尽快排水，严禁使用电热器或人工加热的方法烘干以及在阳光下暴晒地板，应让木地板自然干燥。

（2）防火。不要随意将未熄灭的烟头丢在木地板上，尤其是实木地板以及实木复合地板；在木地板上使用或放置电炉、电饭锅、电熨斗等物品时，必须有防烫的垫层铺在下面。

（3）防晒。应尽量减少太阳直晒木地板，以免油漆被紫外线照射过多而提前干裂和老化。如长期不居住，切忌在木地板上用塑料布或报纸盖住，时间一长木地板的涂膜则会发黏，失去光泽。

（4）防划伤。尽量注意避免金属利器或其他坚硬器物划伤木地板。较重的物品应平稳搁放，家具和其他重物不能在木地板上硬拉硬拖，这样会很容易划伤地板漆面。

（5）日常清洁。日常的清洁除强化木地板不需要特别注意外，其余木地板种类，尤其是实木地板均需注意以下方面：可用拧干的软湿拖把擦地板，在清除顽固污渍时，应使用专用的中性清洁溶剂擦拭后再用拧干的棉布拖把擦拭，切忌使用酸性、碱性溶剂或汽油等有机溶剂擦洗。如果是水溶性污垢，可用细软抹布蘸上淘米水或者橘皮水擦拭，也可除去污垢；如果是药水或颜料、墨水等洒在地板上，必须在还未渗入木质表层前用浸有家具蜡的软布擦拭干净，如果木地板表面被烟头烫伤，用蘸了家具蜡的软布用力擦拭可使其恢复光泽。

（6）打蜡。地板打蜡是一种常规的保养方式。无论是给未上过蜡的新地板，还是已开裂的旧地板打蜡，都应先将地板清洗干净，待完全干燥后再开始操作。至少要上三次蜡，每上一次都要用不掉绒毛的布或打蜡器擦拭地板，以使蜡油充分渗入木头。为了使地板达到更光亮的效果，每打一遍蜡都要用软布轻擦抛光。上蜡时要特别注意地板接缝处，以免蜡渗入地板缝，使地板产生响声。最后在实木地板表面均匀喷上一层上光剂，再用钢丝棉反复打磨几遍效果十分明显，不但亮丽美观且能处理轻微的划痕，同时起到防滑、防静电的作用。建议每半年为实木地板上一次蜡，这样做可以延长地板寿命、增加美观。

4.1.4　实木地板施工图解及注意事项

第一步：地面处理。铺装地板前应对地面的水平度、潮湿度进行检查，要求地面平整、干燥后才可以铺装地板。

第二步：安装之前检查地板是否有色差、起鼓、变形以及蛀眼、裂纹、划痕等，如图4-3所示。

第三步：地板安装，铺装时要在地面上铺一层专用防潮垫，防潮垫要铺设平整，接缝处不能叠加，并使用胶带固定，如图4-4所示。地板与墙面之间，为木地板热胀冷缩预留8~10mm伸缩缝，如图4-5所示。

第四步：踢脚线安装，如图4-6所示。

第五步：地板安装验收。验收标准是：地板安装应平整、牢固、无声响、无松动；颜色、木纹协调一致，洁净无污，无胶痕；地板拼缝要平直，缝隙宽度不大于0.5mm，无溢胶现象；踢脚板与地板连接紧密，踢脚板上沿平直，与墙面紧贴，无缝隙，出墙厚度一致，如图4-7所示。

图 4-3 在包装好无损的情况下开箱检查

图 4-4 在地面上铺一层防潮垫

图 4-5 留 8～10mm 伸缩缝

图 4-6　安装踢脚线

图 4-7　安装完毕效果

　　注：在第二年使用地暖采暖系统时，一定要分阶段加热，逐渐升高温度，不要一次性把温度调到最高，这样会引起地板损坏。

　　木地板的铺设尺寸允许偏差和验收方法如表 4-1 所示。

表 4-1　木地板铺设尺寸允许偏差和验收方法

项目		允许偏差（mm）	验收方法	
			量具	测量方法
表面平整度	长地板	≤2.0	2m 靠尺、楔形塞尺	每室至少测量 3 处，取最大值
	拼花地板	≤2.0		
	四面企口地板	≤2.0		
缝隙宽度	长地板	≤1.0		
	接花地板	≤0.5		
	四面企口地板	≤2.0		
地板接缝高低		≤0.5		

4.2 实木复合地板

实木复合地板可以认为是结合了实木地板和复合木地板的优点，弥补了它们各自缺点而生产出来的一种升级产品，它分为三层实木复合地板和以胶合板为基材的多层实木复合地板，而家庭装修中常用的是三层实木复合地板。实木复合地板各方面性能都很好，价格却比实木地板要便宜，对普通百姓而言是很实惠的选择，因而越来越受到消费者欢迎。

4.2.1 实木复合地板的介绍及应用

1. 实木复合地板的介绍

实木复合地板具有表面漆膜光泽美观、耐磨、耐热、耐冲击、阻燃、防霉、防蛀等特点。

实木复合地板面层为 2 ~ 3mm 的名贵木材，因此从表面上看和实木地板没有什么区别，但实木复合地板不像实木地板通体都为名贵木材，它的基层是将普通的经济木材切成薄片，按木纹理纵横交错压制而成，相对而言，结构更加稳定。

2. 实木复合地板在装修中的应用

实木复合地板和实木地板一样具有非常漂亮的纹理，同时又克服了实木地板相对较易变形的缺点，且铺设方便。实木复合地板脚感比实木地板稍差些，但现在已生产出了 18mm 的厚板实木复合地板，在脚感上和实木地板相比差别已经不大。实木复合地板理论上可以在家居各个空间应用，但在实际中多用于客厅和卧室。

实木复合地板装饰效果如图 4-8、图 4-9 所示。

图 4-8　卧室实木复合地板效果

图 4-9　客厅实木复合地板效果

4.2.2 实木复合地板的用量计算及选购

实木复合地板的用量计算可参照"实木地板的用量计算及选购"部分内容。

在选购实木复合地板时，要注意以下要点：

（1）看板材产地：由于东南亚和南美一带原始森林较多，原木质量相对较高，来自这些原产地的木材生产出来的实木复合地板质量相对也高。

（2）选外观质量：观察实木复合地板表面油漆是否丰满，有无针粒状气泡等漆膜缺陷，有无压痕、刀痕等加工缺陷，有无腐朽、死节、裂缝、夹皮、虫眼等缺陷，以及周边榫舌、槽是否完整。

（3）看拼装精度：主要看它的平直度、拼装离缝、拼装高度差等，可用几块板试拼一下。

（4）看表面耐污染性：可选取液状食用调料、墨汁、碘酒、口红、黑色鞋油等家庭常用化学品分别滴在地板表面，隔一阵子再用清水擦拭污物，表面没有留下污染痕迹的地板才可作为选购的对象。

（5）甲醛释放量水平：国家标准规定实木复合地板甲醛释放量不大于 0.12mg/m³（气候箱法）或不大于 1.5mg/L（干燥器法），超过规定值时即为超标。在选购时可查看检验报告和相关监测证明。

（6）在选择实木复合地板时，尽量挑选层数多的地板，因为层数越多，地板的变形概率越小，稳定性越高，使用寿命越长。

4.2.3　实木复合地板施工图解及注意事项

各种木地板的施工工艺基本上都是一样的，这里就不再重复介绍，实木复合地板施工注意要点可参照"实木地板施工图解及注意事项"部分内容。

4.3　复合木地板

复合木地板也叫强化木地板，市场上甚至称之为金刚板。它是在原木粉碎的基础上，添加胶、防腐剂、添加剂后，经热压机高温高压压制处理而成。

4.3.1　复合木地板的介绍及应用

1. 复合木地板的介绍

复合木地板是以原木为原料，经过粉碎、添加黏合及防腐材料后，加工而成的地面铺装材料。从结构上分析，由下往上可以分为防潮底层、抗震基层、装饰面层和耐磨漆层四个部分。基层为高密度板，强度高、密度大，装饰层为印有木纹的牛皮纸，特点是每一块或者每几块都是重复的纹理，而真正的实木纹理是不可能有任何一块重复的，就像常说的没有一片完全相同的叶子一样。复合木地板最大的优点在于大大提高了木材的利用率，一般实木地板的木材利用率仅为 30%～40%，而复合木地板的利用率几乎达到 100%，对树种的要求也很低。复合木地板具有质轻、规格统一的特点，便于施工安装，可节省工时及费用。它的强度大、硬度高，特别是该材料无需上漆打蜡，日常维护简便，可以大大减少使用中的成本支出，并具有良好的阻燃性和防腐、防蛀、防烫、耐压、耐擦洗等性能，是很有发展前景的地面装饰材料。

复合木地板的一般规格：宽度为 180～350mm，长度为 900～1500mm，厚度为 6～18mm。地板厚度越大，价格越高。复合木地板效果如图 4-10 所示。

复合木地板的优点是：不易变形，不易起翘开裂，由于密度大、硬度高，因此能承受撞击，经久耐用，并且易铺装（无需安装龙骨）、易保养、价格低廉。缺点是：施工时对地面的平整度有较高的要求，纹理不自然，同时缺乏实木地板的质感和脚感。尤其怕被水浸泡，遇水很容易发胀。如果不考虑美观、脚感等因素，只从实用角度考虑的话，那么复合木地板无疑在各个方面都要超过实木地板。

2. 复合木地板在装修中的应用

复合木地板的最大特点就是坚实耐用，可在除浴室外的任何空间使用，如图 4-11 所示。但是在一些特别大的空间铺设时要谨慎，面积太大可能会有整体起拱变形的现象发生。不少人有个误区，认为复合木地板是"防水地板"，不怕水。实际上复合木地板只能做到防潮，在使用中最大的忌讳就是水泡，而且水泡损坏后不可修复。

图 4-10 复合木地板效果

图 4-11 复合木地板效果

4.3.2 复合木地板的用量计算及选购

复合木地板具体的用量计算方法可参考"实木地板用量计算与选购"部分内容。

在选购复合木地板时，应注意以下几点：

（1）观察表面质量是否光洁，要求表面光洁、无毛刺。

（2）地板的厚度。目前市场上复合木地板的厚度一般在 6～18mm 之间，选择时应以厚些的为好。地板厚度越大，使用寿命相对越长，市面上多是 12mm 厚的。

（3）观察企口的拼装效果。可拿几块地板的样板拼装一下，看拼装后企口是否整齐、严密。

（4）掂量地板的重量。地板的重量取决于其基材的密度板。同样大小的密度板按重量由低到高排列为低密度板、中密度板和高密度板。复合木地板中采用的密度板最好的是高密度板，中密度板其次，低密度板根本不能用。密度板基材决定着地板的稳定性以及抗冲击性等多项指标，因此基材越好，密度越高，地板也就越重。

（5）检测耐磨转数。这是衡量复合木地板质量的一项重要指标，一般而言耐磨转数越高，地板使用的时间就越长。室内用最少 6000 转，室外用最少 10000 转。转数不够的产品，在使用 1～3 年后就可能出现不同程度的磨损现象。

（6）查看吸水后的膨胀率指标。此项指标在 2% 以内可视为合格，否则地板在遇到潮湿，或在湿度相对较高、周边密封不严的情况下，就会出现变形现象，影响正常使用。

（7）甲醛含量。复合木地板的胶粘剂中含有一定量的甲醛，过量的甲醛对人体有危害，人体若长期处于甲醛高浓度的环境，会有致癌的危险。我国对公共场所的空气甲醛浓度已颁布了强制性标准，规定不超过 $0.12mg/m^3$。复合木地板的检测方法，国家标准规定不超过 30mg/ 100g ，最好在 9mg/ 100g 以下。

（8）表面耐划痕度、阻燃耐烫性、耐冲击性。选购时可以用硬物划地板表面，看有无明显划痕，表面耐划痕值越高，抗尖锐硬物的能力越强；把香烟放在地板上，看表面有无龟裂、黑斑、鼓泡，若无此现象则表明此地板阻燃性较好；以一重物落在地板表面，如无较明显的表面凹陷，则此地板表面耐冲击性能较好。

4.3.3　复合木地板施工图解及注意事项

复合木地板具体施工注意要点可参照"实木地板施工图解及注意事项"部分内容。

4.4　竹　木　地　板

竹木地板是近几年兴起的一种新地面材料，就目前而言，其地位还是不如之前介绍的实木地板、复合木地板和实木复合地板，但竹木地板也因为其独有的特性而受到越来越多的关注。

4.4.1　竹木地板的介绍及应用

1. 竹木地板的介绍

竹木地板是以天然优质竹子为原料，经过二十几道工序，脱去竹子的原浆汁，经高温高压拼合，再经过三层油漆，最后用红外线烘干而制成的。竹木地板有竹子的天然纹理，给人一种回归自然、清新高雅的感觉。

竹木地板色泽天然美观，有一种不同于木地板的独特韵味。同时竹木地板相比实木地板色差小、硬度高、韧性强、富有弹性、导热系数低，所以还有冬暖夏凉的特性，让人无论在什么季节，都可舒适地赤脚在上面行走。色差小也是竹地板的一个明显优势，因为竹子的生长半径比树木要小得多，受日照影响不严重，没有明显的阴阳面的差别，因此竹木地板竹纹、色泽匀称。而且竹子的生长周期很快，是一种可持续生产的资源，不像一些名贵木材，动辄几十年上百年的成材期。从这点看，推广竹木地板同时还具有很好的环保理念。

但竹地板也不是完美的，在实际的耐用性上竹地板也有缺点，受日晒和湿度的影响会出现分层现象。竹木地板强度高、硬度强，脚感不如实木地板舒适，外观也没有实木地板丰富多样。

竹木地板的长、宽、厚的常规规格有 915mm×91mm×12mm、1800mm×91mm×12mm 等 6 种，还可以根据需要定做。竹木地板样图如图 4-12 所示。

图 4-12　竹木地板样图

图 4-13　竹木地板实景效果

2. 竹木地板在装修中的应用

竹子因为导热系数低，自身不生凉放热，适合于铺装在客厅、卧室、健身房、书房等空间地面，如图 4-13 所示。竹木地板的突出优点是冬暖夏凉，无论什么时候都可以舒适地赤脚在上面行走，因而铺装在老人、小孩的起居室是再合适不过的了。虽然经过现代技术的处理，竹木地板的耐水性得到了一定的提高，但过于潮湿的环境对它的使用寿命（20 年左右）还是有很大的影响，所以不适合用于浴室、洗手间、厨房等较潮湿的空间内。

4.4.2　竹木地板的用量计算及选购

竹木地板的用量计算可参照"实木地板的用量计算及选购"部分内容。

在选购竹木地板时应注意以下要点：

（1）在选购竹木地板时，消费者首先要看有关资料是否齐全，包括生产厂家、注册商标、产品等级、检验报告、使用说明和售后服务等，资料齐全在一定程度上说明生产厂家是具有一定规模的正规企业。

（2）产品外观质量：先观察其地板色泽，本色竹木地板色泽呈金黄色，通体透亮；碳化竹木地板是古铜色或褐色，颜色均匀而有光泽感。将地板置于光线下，看其表面有无气泡、麻点、橘皮现象，再看其漆面是否丰厚、饱满、平整。

（3）看材质：如果花纹模糊不清又不鲜艳，说明这是采用不新鲜的竹子加工的，这些竹子堆放时间太久，没有及时加工。

（4）看加工精度：将竹木地板的样品取出几块，在平整的地面上试铺一下，看是否平整。选择拼装后平整的产品购买。

（5）看胶合强度：由于竹木地板都是由若干竹片粘接而成的，胶合是否紧密可用手掰，看层与层之间是否有分层。

4.4.3　竹木地板的保养方法

竹木地板对于日晒和湿度比较敏感，在使用竹木地板时需要注意这两点。竹木地板在理论上的使用寿命可达 20 年左右，正确的使用和保养是延长竹木地板使用寿命的关键。

（1）竹木地板在使用中最重要的是要保持室内干湿度，因为竹木地板虽经干燥处理，但是竹子是天然材料,所以性能还会随着气候的变化而变化。在遇到干燥季节,特别是开放暖气时,用户应在室内通过不同方法调节湿度,可用加湿器或在暖气上放盆水等进行加湿。而在潮湿季节,应多开窗通风,保持室内干燥。

(2)竹木地板应避免阳光暴晒和雨水淋湿,如果遇水应及时擦干,并应尽量避免硬物撞击、利器划伤和金属摩擦竹木地板漆面。

第5章 装饰板材

在室内装修中，装饰板材是用量最大的一种材料，在室内的吊顶、家具、装饰墙面、隔断和各类造型等木工作业中都被大量使用。可以说，现代装修是离不开这些装饰板材的。

5.1 夹 板

夹板，也称胶合板，是由原木旋切成1mm厚单板或木方刨切成1mm厚薄板，再将这些1mm厚的单板或薄板用胶粘剂胶合而成。

5.1.1 夹板的介绍及应用

1. 夹板的介绍

夹板按厚度一般分为3厘板、5厘板、9厘板、12厘板、15厘板和18厘板六种规格（1厘即为1mm），大小为1220mm×2440mm。夹板层数越多，其厚度越大，强度就越高，承重力也越强，适合用于一些负重较大的装饰部位。夹板样图如图5-1所示。

夹板的特点是结构强度高，拥有良好的弹性、韧性，易加工和涂饰作业，能够较轻易地创造出弯曲的、圆的、方的等造型。早些年夹板是制作天花的最主要材料，但近些年已经被防火性能更好的石膏板所取代。夹板目前更多地用于饰面板材的底板、板式家具的基板、门扇的基板制作等木工作业中。

图 5-1 夹板样图

2. 夹板在装修中的应用

由于夹板有变形小、幅面大、施工方便、不易翘曲、横纹抗拉力好等优点，故多作为基板被广泛用于家具制造、室内装修的基层结构中。

当然，夹板也有些自身的问题，夹板的面层不如密度板面层光滑，用作基板在其面上再贴防火板或者铝塑板等饰面材料时，其平整度和牢固度不如密度板，因而很多家具及橱柜多采用密度板而非夹板。

5.1.2 夹板的选购

（1）在装修的不同地方，对于夹板的厚度要求也不一样，所以在选购之前要计算好，按照不同的厚度列好清单，以避免造成不必要的浪费。在采购前可以先询问木工师傅不同厚度的夹板分别要多少张，也可以根据木工的提示自己计算。

（2）市面上的夹板有进口和国产之分，进口夹板以印度尼西亚和马来西亚为主，其中印尼板质量更好。按材料分则有硬杂木和柳桉木之分，柳桉木制作的夹板质量更佳。

（3）夹板表面色泽应基本一致，没有明显的变色和色差；纹理上要求木纹清晰、正面光洁、平滑、不毛糙，摸上去要平整、无滞手感，表面看不应有破损、碰伤、硬伤、疤节等问题；选购时可以提起夹板一侧，观察板材是否平整，有没有弯曲、起翘，以及夹板拼缝处是否严密，是否有高低不平、开胶等现象。

（4）注意夹板的甲醛含量不能超过国家标准，一般而言夹板的甲醛含量应小于1.5mg/L才能用于室内，可以向商家索取夹板检测报告和质量检验合格证等文件进行查看。环保级别达到E0级和E1级的属于绿色板材。

5.1.3 夹板施工图解及注意事项

1. 施工图解

夹板通常用做板式家具的基板、门扇的基板等，施工工艺也根据不同的应用而不同。下面将图解夹板用做柜门的制作标准工艺步骤，这其中也包含了饰面板的施工工艺，后面饰面板施工就不再重复介绍了。

第一步：根据设计图纸中柜门的大小，采用9mm厚的夹板开条做柜门的架子，如图5-2所示；然后两面贴夹板，如图5-3所示。

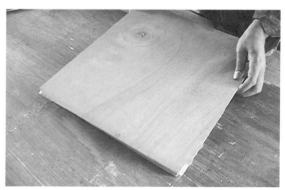

图5-2　夹板开条做柜门架子　　　　　　　图5-3　两面贴夹板

第二步：在夹板上贴装饰面板，如图5-4所示。

图5-4　夹板上贴装饰面板

第三步：使用刨子清边，如图5-5所示。最好在柜门的侧边采用射钉枪打上木线作为收口，如图5-6所示。

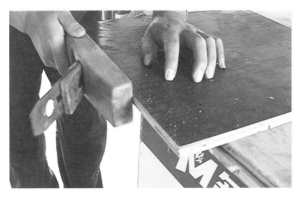
图 5-5 刨子清边

图 5-6 木线收口

2. 注意事项

胶合板含胶量相对较大，施工时要做好封边处理，尽量减少污染。同时因为胶合板的原材料为各种原木材，所以在一些大量采用胶合板的木工作业中还要进行防白蚁的处理。

5.2 大 芯 板

大芯板又称细木工板，是由上下两层胶合板中间加木条构成，也是装修的一种常用板材，被广泛应用于家具和木工基层制作。

5.2.1 大芯板的介绍及应用

1. 大芯板的介绍

大芯板分底板、芯板、面板三层。底板和面板为夹板，厚度约为 1mm，芯板则根据板的厚度由原木直接开料为木条，三层合一压制而成，如图 5-7 所示。

图 5-7 大芯板样图

大芯板的规格为 1220mm × 2440mm，多为 12、15、18mm 三种厚度。大芯板竖向（以芯材走向区分）抗弯压强度差，但横向抗弯压强度较高。大芯板具有规格统一、加工性强、不易变形、重量轻、便于施工、方便粘贴其他饰面材料等优点，是装修中常用的板材。其缺点是：由于上下两层是夹板，中间是木条，有时中间会出现空隙，热胀冷缩后比较容易出现开胶、鼓面等变形。在使用中，大芯板只能顺长的一边"顺开",不能横着锯开使用。另外,大芯板不能直接做面板使用,要在外面再贴一层夹板或饰面板当做面板,否则会出现油漆起泡等问题。

2. 大芯板在装修中的应用

在室内装修中,使用量最大的装修材料之一就是大芯板。大芯板不仅可以制作固定家具,也是制作隔断、门窗套、隔断墙的常用材料。

许多消费者选择大芯板,一是看重量,二是看价格。其实越重的大芯板,其质量越不好。因为重量越大,越表明这种板材使用了杂木。这种用杂木拼成的大芯板,根本钉不进钉子,所以无法使用。另外,价格很低的大芯板,其质量肯定会很差,不是缝隙大,就是使用了含树皮的边角料或不合格的木料。所以在选择时,最好选择 100 元左右一张的大芯板。这个价格的大芯板,其质量比较稳定。市场出售的价格在 50~55 元一张的大芯板,根本无法使用。

5.2.2 大芯板的选购

(1)看是否是正规生产厂家的产品。要查看生产厂的商标、生产地址、防伪标志等。

(2)看产品检测报告中的甲醛释放量每升是否不大于 1.5mg。一般正规厂家生产的大芯板都有检测报告,甲醛的检测数值应该越低越好。按甲醛含量的高低大芯板有 E2、E1 两种级别,其中只有 E1 级别才能够用于室内装修。选购时还可以闻闻,如果大芯板散发出木材本身的气味,说明甲醛释放量较少;如果气味刺鼻或芳香浓郁,说明甲醛释放量较多。这点很重要,其实室内甲醛最大部分就是由这些木质板材和板材家具造成的,几乎所有的板材和板材家具都会含有甲醛,其之间的区别只在于甲醛的含量是否超标。而甲醛含量的最大制造者之一就是不合格的大芯板。

(3)大芯板的表面必须干燥、光净,无翘曲、变形,无起泡和凹陷。在选择大芯板时,可以锯开一角,检查里面的质量。里面拼接的小木条分为机拼和手工拼两种,其中机拼质量更好。但无论是机拼还是手工拼,其缝隙最好不超过 3mm,缝隙越小越好。芯条没有腐朽、断裂、虫孔、节疤等问题,不能使用带有树皮、蛀孔和死结的木材。质量较好的大芯板内部小木条之间,都有锯齿形的榫口相衔接。

5.2.3 大芯板施工图解及注意事项

1. 施工图解

大芯板不仅可以制作固定家具,也可用来制作隔断、门窗套、隔断墙等,下面介绍其中一种施工工艺——大芯板制作房门的施工流程图解。

第一步:根据设计要求,采用 18mm 大芯板开料,如图 5-8 所示。

图 5-8 开料

第二步：框架内错开连接，如图 5-9 所示。门锁内用板条填实，如图 5-10 所示。

图 5-9 框架内错开连接

图 5-10 门锁内用板条填实

第三步：用射钉枪两面封夹板，如图 5-11 所示。再贴上面板，如图 5-12 所示。门边线应注意收口。

图 5-11 两面封夹板

图 5-12 贴上面板

第四步：安装合页，安装时合页一定要两边开槽，如图 5-13 所示。

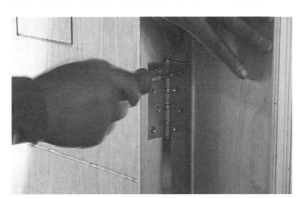

图 5-13 安装合页

2. 注意事项

（1）不应把板材随意放在窗口、墙边或地面上，以免造成板材受潮而霉变。

（2）面板应刷底漆，不得直接在饰面板上加色，以免引起饰面板爆裂。

（3）面板施工时不得使用含水率过大的胶水，建议使用灵桥 E 型胶水。

（4）为防止装修过程当中面板表皮变色、霉变，应注意防潮，避免室内过于潮湿，防止进水、淋水，面板施工所用胶水含水率不大于 16%。油漆施工前应清除板面灰尘、污渍，对面板钉眼补灰时建议用钉眼腻子粉，不要用水老粉，若使用水老粉没干时油漆后表面会霉变。

5.3 密 度 板

密度板也称纤维板，是一种装修常用的基层板材。

5.3.1 密度板的介绍及应用

1. 密度板的介绍

密度板是以木质纤维或其他植物纤维为原料，加入添加剂和胶粘剂制成的人造板材。因为其是经过高温、高压成型，密度很高，所以称之为密度板。密度板表面常贴以三聚氢氨或木皮等饰面，具有结构均匀、板面平滑细腻、尺寸误差小、不易开裂等优点。纤维板因做过防水处理，其吸湿性比木材小，形状稳定性、抗菌性都较好。

密度板按其密度不同，可分为高密度板、中密度板、低密度板。密度在 800kg/m³ 以上的是高密度板；密度为 450~800kg/m³ 的是中密度板；低于 450kg/m³ 的为低密度板。区分很简单，同样规格越重的密度越高。密度板样图如图 5-14 所示。

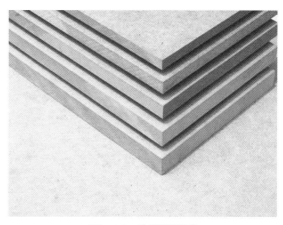

图 5-14　密度板样图

2. 密度板在装修中的应用

中高密度板是木材的优良代替品。密度板结构细密，表面特别光滑、平整，性能稳定，边缘牢固，加工简单，很适合制作家具，目前很多的板式家具及橱柜基本都是采用密度板作为基材。在室内装修中主要用于强化木地板、门板、隔墙、家具等制作。

5.3.2 密度板的选购

优质密度板具有以下几个特点，在选购密度板时可根据以下几点进行选购：

（1）板面平整、均匀、光滑，没有污垢、水渍、粘迹。

（2）板面细密、结实，不起毛边。

（3）吸水率低、吸湿性小。

（4）用手敲击板面，若密度板质量较好，声音会清脆悦耳；声音发闷，则可能发生了散胶问题。

（5）闻不到很重的气味。气味重说明甲醛释放量高。

除了在家庭装修中会大量使用密度板外，很多厂家制作家具也会大量采用密度板。在选购那些密度板制作的家具时，除了看款式外，还需要注意以下几点：

（1）密度板家具表面应无明显的颗粒。颗粒是压制过程中带入杂质造成的，不仅影响美观，而且使漆膜容易剥落。

（2）密度板表面应光亮、平整，如从侧面看去表面不平整，则说明材料或涂料工艺有问题。

（3）密度板家具的漆膜应选比较硬、比较亮、比较透明的聚酯漆，否则以后擦拭家具时容易损坏家具表面的光洁度。用手抚摸家具表面时应有光滑感觉，如感觉较涩，则说明加工不到位。

5.4　刨　花　板

刨花板又称碎料板，是将木材加工剩余物、木片、木屑等切削成一定规格的碎片，经过干燥，拌以胶料、硬化剂、防水剂等，在一定的温度、压力下压制成的一种人造板材。

5.4.1　刨花板的介绍及应用

1. 刨花板的介绍

刨花板在特点上和密度板有些类似，但相对于密度板而言，其材质较粗糙，板材较脆。但是刨花板价格较便宜，同时也易于加工，可以用于一些受力要求不是很高的基层部位，也可以作为垫层和结构材料。刨花板的规格为1220mm×2440mm，厚度在 3～30mm 之间。

刨花板样图如图 5-15 所示。

2. 刨花板在装修中的应用

刨花板密度疏松易松动，抗弯性和抗拉性较差，强度也不如密度板，所以一般不适宜制作较大型或者承重要求较高的家私。但是刨花

图 5-15　刨花板样图

板价格相对较便宜，同时握钉力较好，加工方便，甲醛含量虽比密度板高，但比大芯板要低得多。可以用于一些受力要求不是很高的基层部位，也可以作为垫层和结构材料。现在很多厂家生产出的板式家具也都采用刨花板作为基层板材，同时刨花板和密度板一样，也是橱柜制作的主要基层材料。在装修施工中则主要用作基层板材和制作普通家具等。

5.4.2　刨花板的选购

（1）要清楚刨花板能否达到设计和实用的要求，像一些受力较大的家具就不是很适用，比如书柜等。

（2）对于质量的选购可以参照密度板的选购。

5.5　饰　面　板

饰面板属于夹板的一种，不同于夹板的是饰面板的面层贴上了一层 0.2mm 厚的具有漂亮木纹的木皮，在装饰性上增强了很多，是室内用量最多的装饰性面板。

5.5.1　饰面板的介绍及应用

1. 饰面板的介绍

饰面板俗称面板，是将实木板精密刨切成厚度为 0.2mm 左右的微薄木皮，以夹板为基材，经过胶粘工艺制作而成的具有单面装饰作用的装饰板材，厚度一般为 3mm，规格为 1220mm×2440mm。装饰面板通常的施工做法是将饰面板贴在夹板、密度板等基板上，再在饰面板上刷清漆。市场上常见的饰面板品种如图 5-16 所示，但在实际购买中各类饰面板的饰面效果会有很多的变化，比如胡桃木、

樱桃木、枫木等饰面板都有多种颜色和纹理，在选购时要以实际看到的效果为准。

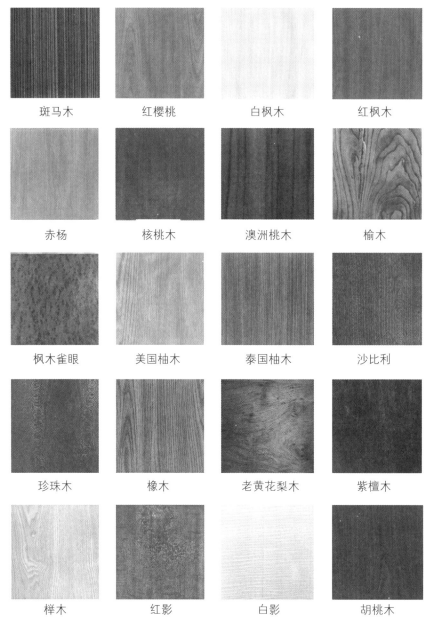

斑马木	红樱桃	白枫木	红枫木
赤杨	核桃木	澳洲桃木	榆木
枫木雀眼	美国柚木	泰国柚木	沙比利
珍珠木	橡木	老黄花梨木	紫檀木
榉木	红影	白影	胡桃木

图 5-16　常见饰面板样图

市场上的饰面板主要分为天然和人工两大类别：

（1）天然饰面板其贴面为天然板材，具有自由、独特、不规则的纹理，价格相对较贵。

（2）人造饰面板的纹理基本上为通直纹理，纹理图案很有规则，具有稳定的性能和特殊的效果，在温、湿度变化较大的空间，其变形一般要比天然饰面板小。在目前很多的现代主义风格装饰中，使用人造饰面板的装饰效果反而强过天然饰面板。

2. 饰面板在装修中的应用

饰面板在装修中起着举足轻重的作用，使用范围广泛，门、家具、墙面上都会用到。所以对于它的选择一定要慎重，避免由于选择错误造成的材料浪费，甚至是影响整体效果。选择何种饰面板，搭配怎样的纹路色泽，决定了装修的总体风格和档次，家居的"面子"也由此而来。饰面板通常是和清漆工艺搭配在一起使用的，效果如图 5-17 所示。

图 5-17 饰面板应用效果

5.5.2 饰面板的选购

（1）好的饰面板的表面贴面应该色泽均匀、清晰，材质细致，纹路美观，能够感受到其良好的装饰性；反之，如有污点、毛刺沟痕、刨刀痕或局部发黄、发黑，就很明显属于劣质或已被污染的板材。另外，饰面板的表面贴面的厚度也很重要，越厚的越好，上漆后木纹的纹理和色泽饱和度才能够更好的体现。

（2）饰面板的平整也很重要，自然翘曲度越小越好，如果看上去歪歪斜斜，时间长很容易变形。选购时还需要将饰面板侧过来看看侧边有没有开胶的现象，侧边各层板材之间不能出现鼓包、分层的现象。

（3）注意饰面板的甲醛含量，相对而言，饰面板的甲醛含量比大芯板要少很多，但也不可能做到完全没有，因为饰面板也是使用胶粘压制的。选购时可以闻闻看，如果饰面板散发木材本身气味，说明甲醛释放较少；如果气味刺鼻或芳香浓郁，说明甲醛释放量较多。

5.5.3 饰面板施工图解及注意事项

饰面板多进行切割后用木工胶贴在夹板或者密度板上，之后在表面上清漆即可。

5.6 三 聚 氰 胺 板

三聚氰胺板又叫做双饰面板，简称三氰板，是免漆板的一种，行业内比较喜欢叫生态板。它的基材是刨花板和中纤板，由基材和表面黏合而成，表面贴面经过三聚氰胺溶液浸泡，具有防火、抗磨、防水等特点，使用效果与复合木地板相仿。

5.6.1 三聚氰胺板的介绍及应用

1. 三聚氰胺板的介绍

三聚氰胺板是将带有不同颜色或纹理的纸放入三聚氰胺树脂胶粘剂中浸泡，然后干燥到一定固化程度，将其铺装在刨花板、防潮板、中密度纤维板、胶合板、细木工板或其他硬质纤维板表面，经热压而成的装饰板。经三聚氰胺浸泡后表面形成一层透明光亮的保护膜，所以不需要再刷清漆，固也称之为免漆板。

2. 三聚氰胺板在装修中的应用

三聚氰胺板具有表面平整、板材双面不易变形、颜色鲜艳、表面较耐磨、价格经济等优点，可以任意仿制各种图案，常用做电脑桌、办公桌等各类板式家具制作和办公空间等室内墙面装饰。其表面平滑、光洁，容易维护清洗，能抵抗一般的酸、碱、油脂及酒精等溶剂的侵蚀。但是它又存在档次低、封边易崩边等缺陷。三聚氰胺板样图如图 5-18 所示。

图 5-18　三聚氰胺板样图

5.6.2 三聚氰胺板的选购

三聚氰胺板的选购除了要顾及色彩及纹理外，还应辨别其外观质量。观察板面有无污斑、划痕、压痕、孔隙，颜色、光泽是否均匀，是否有鼓泡现象、有无局部纸张撕裂或缺损现象等。如使用中发现有开裂或破损的现象，可以用湿布和热熨斗进行修复。

5.6.3 三聚氰胺板施工注意事项

三聚氰胺板在装饰装修中的应用越广泛，所遇到的问题也就越多，在施工中则应注意以下要点：

（1）三聚氰胺板材料在安装前要对色、对花。

（2）三聚氰胺板开料时容易崩边，造成表面创伤，所以在前端和尾端开料时要放慢速度。

（3）三聚氰胺板在做封边处理时注意不要溢出胶水，一旦溢胶要及时擦除。

5.7　石　膏　板

石膏板是以石膏为主要原料，加入纤维、黏结剂、稳定剂压制、干燥而成的一种材料，具有防火、隔声、隔热、轻质、高强、收缩率小等特点，且稳定性好、不老化、防虫蛀、施工简便。

5.7.1 石膏板的介绍及应用

1. 石膏板的介绍

石膏板是目前应用最广泛的吊顶和隔断材料，在吊顶施工中纸面石膏板可以说是全面取代了之前的夹板。石膏板有良好的性能和装饰效果，价格也比较便宜，样图如图 5-19 所示。

石膏板种类主要有纸面石膏板、装饰石膏板、吸声石膏板等。

（1）纸面石膏板是以石膏料浆为夹芯，两面用纸做护面而成的一种板材。纸面石膏板质地轻、强度高、防火、防蛀、易于加工。普通纸面石膏板多用于内墙、隔墙和吊顶工程。添加了耐水外加剂的耐水纸面石膏板可用于湿度较大的房间墙面，如卫生间、厨房、浴室等空间的基板和天花。

（2）装饰石膏板是以建筑石膏为主要原料，掺加少量纤维材料等制成的有多种图案、花饰的板材。如石膏印花板、石膏浮雕吊顶板、纸面石膏装饰板等等。装饰石膏板和纸面石膏板一样具有轻质、防火、防潮、易加工、安装简单等特点。特别是新型树脂型饰面防水石膏板板面覆以树脂，饰面仿花纹，其色调图案逼真、新颖大方、板材强度高、耐污染、易清洗，可用于装饰墙面、护墙板及踢脚板等，效果非常不错。

（3）吸音石膏板是在纸面石膏板或者装饰石膏板的基础上，打上贯通石膏板的圆柱形孔眼，再贴上一些能够吸收声能的吸音材料制成的。用在客厅尤其是音响室的天花可以起到很好的隔音效果。

2. 石膏板在装修中的应用

石膏板在家庭装修中主要是用于隔断墙体和天花制作，耐水石膏板则可以应用于一些湿度较高的空间，像卫生间、厨房、浴室等。石膏板用于隔断墙体和天花效果如图 5-20 所示。

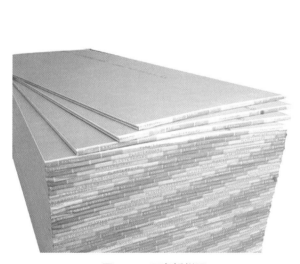

图 5-19 石膏板样图

图 5-20 石膏板在室内天花、墙面的应用

5.7.2 石膏板的选购

石膏板的选购要点如下：

（1）测外观时在 0.5m 远处光照明亮的条件下，对板材正面进行目测检查，先看表面，表面应平整、光滑，不能有气孔、污痕、裂纹、缺角、色彩不均和图案不完整现象，纸面石膏板上下两层牛皮纸必须结实，这样才能预防开裂，并且打螺钉时不至于将石膏板打裂；再看侧面，看石膏质地是否密

实，是否有空鼓现象，越密实的石膏板越耐用。

（2）用手敲击检查石膏板的弹性，用手敲击时发出很实的声音说明石膏板严实耐用，如发出很空的声音说明板内有空鼓现象，且质地不好。用手掂分量也可以衡量石膏板的优劣，通常是越重越好。

（3）检查石膏板的尺寸，多块石膏板大小应基本一致，长度偏差不能超过 5mm，宽度偏差不能超过 4mm，厚度偏差不能超过 0.5mm。

（4）看标志，在每一个包装箱上，都应有产品的名称、商标、质量登记、制造厂名、生产日期以及防潮、小心轻放和产品标记等标志，购买时还应重点查看质量等级标志。

5.7.3 石膏板施工图解及注意事项

1. 施工图解

石膏板常用于天花制作，通常采用木龙骨 + 石膏板、轻钢龙骨 + 石膏板等方式，这里以木龙骨 + 石膏板为例进行石膏板施工图解。

第一步：弹水平线，如图 5-21 所示。

第二步：上拉爆螺丝固定龙骨，如图 5-22 所示。

图 5-21　弹水平线

图 5-22　上拉爆螺丝

第三步：制作完成 300mm×300mm 的方格子龙骨，如图 5-23 所示。

第四步：安装木龙骨，如图 5-24 所示。

图 5-23　制作 300mm×300mm 的方格子龙骨

图 5-24　安装木龙骨

第五步：上防火涂料，如图 5-25 所示。

第六步：封底板，如图 5-26 所示。

图 5-25　上防火涂料

图 5-26　封底板

第七步：上石膏板，如图 5-27 所示。上完石膏板后效果如图 5-28 所示。

图 5-27　上石膏板

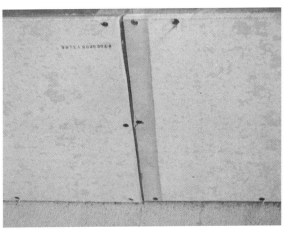

图 5-28　上完石膏板后效果

第八步：将石膏板上的钉眼点上防锈油，如图 5-29 所示。

第九步：最终刷完乳胶漆效果如图 5-30 所示。

图 5-29　钉眼点防锈油

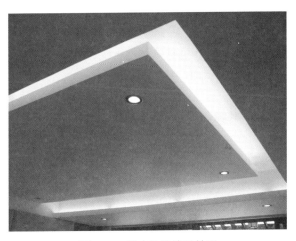

图 5-30　刷完乳胶漆后效果

2. 注意事项

（1）最好使用不锈钢材质的干壁钉固定石膏板，这样的钉子不会生锈，将来可以保证石膏板长时间的美观。

（2）石膏板上的钉眼通常会用防锈漆进行处理。

（3）两块石膏板之间存在的缝隙要处理好，否则将来会产生明显的裂缝。一般工人会使用 901 胶水和石膏粉混合后填缝。

（4）用石膏粉填完缝隙后最好再用防裂胶带在表面贴一下，可以防止热胀冷缩造成顶面开裂。贴的时候要注意一边贴一边用刮刀除去气泡，让胶带和石膏板彻底紧密地结合。

（5）对于造型比较特殊的吊顶，后期的处理非常重要。诸如圆形、波浪形等吊顶都需要用小铲刀慢慢修出来，这也是整个吊顶成型最重要的过程。

5.8 矿棉吸音板

矿棉吸音板的最大优点就是具有很强的吸音功能，它是一种多孔材料，由纤维组成无数个微孔。声波撞击材料表面，部分被反射回去，部分被板材吸收，还有一部分穿过板材进入后空腔，大大降低反射声，能够有效控制和调整室内声音的回响时间，降低噪声。

5.8.1 矿棉吸音板的介绍及应用

1. 矿棉吸音板的介绍

矿棉吸音板简称矿棉板，是以矿渣棉为主要原料，加入黏合剂，经加压、烘干和饰面处理而制成的。其表面布满深浅、形状、孔径各不相同的孔洞，具有不错的吸音效果，因此也叫矿棉吸音板。矿棉装饰吸音板具有自重轻、吸音、防火、隔热的综合性能，而且可制成各种色彩的图案与立体形表面，是一种室内高级装饰材料。其样图如图 5-31 所示。

但矿棉吸音板的吸音和隔音效果往往需要降低密度，使其中空或者对其冲孔，这些方法会显著降低矿棉吸音板的强度，导致吊装时容易损坏。

2. 矿棉吸音板在装修中的应用

矿棉吸音板一般用于室内的天花，也可用于隔墙，其最重要的功能就是吸音，在一些对于隔音要求比较高的空间应用最合适，比如家庭影院、钢琴室、音响室、电影院、会议室、卡拉 OK 厅等空间。

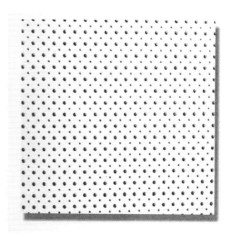

图 5-31　矿棉吸音板样图

5.8.2 矿棉吸音板的选购

矿棉吸音板表面应干净、无污点、无磨损，表面图案要对称，纹理、质地、色泽基本一致。

5.8.3 矿棉吸音板施工注意事项

在矿棉吸音板施工时需要注意以下施工要点：

（1）矿棉吸音板施工必须在顶棚各种管线安装完毕、各专业管道试压后施工。

（2）矿棉吸音板安装完毕后的房间应注意通风，遇雨应及时关闭门窗。

（3）注意矿棉吸音板包装箱上的生产日期，一个房间应使用同一批次板材，以保证无色差。

（4）安装时，矿棉吸音板上不得放置其他材料，防止板材受压变形。

（5）不得在含有化学气体（如含游离甲苯二异氰酸酯 TDL 油漆会导致矿棉吸音板表面泛黄）、振动的环境中安装使用。

5.9 防 火 板

防火板又称耐火板，是表面装饰用耐火建材的一种，有丰富的表面色彩、花纹以及特殊的性能，同时加工方便，被广泛用于室内装饰中。

5.9.1 防火板的介绍及应用

1. 防火板的介绍

防火板是一种高级、新型的复合材料，是将印有各种图案的牛皮纸浸在树脂溶液中，经过高温高压处理后生产而成的室内装饰贴面材料。防火板具有耐磨、耐热、耐撞击、耐酸碱、耐烟灼、耐火、防菌、防霉及抗静电的特性，但它为平板，无法创造凹凸、金属等立体效果，时尚感稍差。防火板只是人们的习惯说法，但它不是真的不怕火，只是具有一定的耐火性能。防火板的常用规格有 2135mm×915mm、2440mm×915mm、2440mm×1220mm 等，厚 0.6～1.2mm。防火板的面层可以仿出木纹、金属拉丝、石材等各种效果，再加上其应不同环境还可以具体定做，因此在市场应用越来越广泛。防火板仿各种材质的样板如图 5-32 所示。

图 5-32　防火板样图

根据防火板表面仿制纹理的不同在应用上也有相应的区别：

（1）平面彩色亚面和光面系列：朴素光洁，耐污耐磨，适用于餐厅、吧台的饰面、贴面。

（2）木纹亚面和光面系列：华贵大方，经久耐用，适用于家具、家电饰面及活动式吊顶。

（3）皮革颜色亚面和光面系列：易于清洗，适用于装饰厨具、壁板、栏杆扶手等。

（4）石材颜色亚面和光面系列：不易磨损，适用于室内墙面、厅堂的柜台、墙裙等。

（5）细格几何图案亚面和光面系列：适用于镶贴窗台板、踢脚板的表面。

（6）金属防火板系列：适用于背景墙、柜面装饰等。真正的金属板（铝板、不锈钢板等）施工复杂、价格偏高，而仿金属纹理的防火板是很好的替代品。尤其是仿拉丝不锈钢防火板更是因其独具的现代感，在现在的橱柜门板上被广泛应用。

2. 防火板在装修中的应用

防火板因具有耐磨、耐热、耐撞击、耐酸碱、防火等特性，多用于台面、桌面、墙面、厨具、办公家具、门扇表面、吊柜等位置。其中在家庭装修中，防火板被应用最多的地方是橱柜门板的制作。防火板门板是用防火板做贴面，刨花板做基材（也有用密度板的），经过橱柜工厂压贴后制成。防火板面板的橱柜效果如图 5-33 所示。

图 5-33　防火板橱柜柜面效果

5.9.2　防火板的选购

质量较好的防火板价格比装饰面板还要贵，选购防火板时要注意以下两个要点：

（1）厚度：防火板越厚越好，一般家庭应用在 0.8mm 即可，太薄则容易变形。

（2）表面：注意图案清晰透彻、耐磨，表面不要有瑕疵即可，一般防火板在质量上不会有什么问题。

5.9.3　防火板施工注意事项

防火板多用于橱柜表面装饰，需要特别注意的是防火板的施工对于粘贴胶水的技术要求比较高，要掌握刷胶的厚度和胶干时间，并要一次性粘贴好。

5.10　铝 塑 板

铝塑板又叫铝塑复合板，是由多层材料复合而成的，上下层为高纯度铝合金板，中间为无毒低密度聚乙烯（PE）芯板，其正面还粘贴有一层保护膜。

5.10.1 铝塑板的介绍及应用

1. 铝塑板的介绍

铝塑板由于具有价廉、色彩多样、施工便捷、加工性能优良、防火、防潮等特点，被广泛地应用于建筑及室内的装饰中。其主要种类有氟碳烤漆铝塑板、岗纹铝塑板、聚酯烤漆铝塑板、拉丝铝塑板、镜面铝塑板、高抗污纳米铝塑板等。铝塑板可以切割、裁切、开槽、带锯、钻孔、加工埋头，也可以冷弯、冷折、冷轧，在施工上非常便利。铝塑板样板如图 5-34 所示。

2. 铝塑板在装修中的应用

铝塑板在建筑外观和室内均有广泛的应用，在建筑外观上被广泛用于高层建筑的幕墙装修、大楼包柱、广告招牌等，已成为干挂石、玻璃幕墙、瓷砖、水泥的良好替代材料。室内装修铝塑板一般应用在前台形象墙等墙面和柜面装饰上，在家庭装修的隔断等造型上也有应用，同时也可以用于家具表面，其效果如图 5-35 所示。

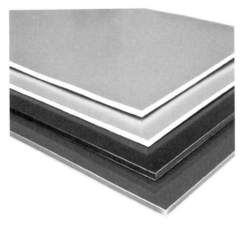

图 5-34　铝塑板样图

图 5-35　铝塑板台面效果

铝塑板分室内用和外墙用两种，室内用铝塑板由两层 0.21mm 的铝板和芯板组成，厚度为 3mm；外墙用铝塑板厚度应该达到 4mm，由两层 0.5mm 的铝板和 3mm 的芯板材料组成。

5.10.2 铝塑板的选购

（1）看其外观：铝塑板尺寸应规范、整齐，厚薄均匀，表面平整，板型挺直。抬起板的一头掂量一下，感觉不应太软。撕掉产品表面的保护膜观察，漆面应整洁，无色差、伤痕、光泽不均匀、油漆漏涂等表面缺陷。

（2）看厚度：内墙板厚度应为 3mm，外墙板厚度应为 4mm。如果是双面铝塑板，厚度要增加一倍，即内墙板厚度应为 6mm，外墙板厚度应为 8mm。

（3）看韧性：裁下一小条铝塑板用力折弯，铝塑板不应发生明显的脆性断裂。

（4）闻味道：将铝板剥开，应无刺鼻的有机溶剂气味。

5.10.3 铝塑板施工注意事项

（1）施工时，板材基面要干燥、平整，最好用夹板或细木工板做底层，防止发生开裂变形。

（2）在粘贴铝塑板时要注意涂胶应均匀，待强力胶稀释剂挥发用手摸不粘手即可粘贴，用木槌敲击压实。

（3）铝塑板在使用时注意按设计要求分割成若干块，不宜整张或大面积使用，否则容易引起空鼓开胶。

（4）铝塑板接缝企口一般用玻璃胶封口，要求玻璃胶注封时一定要均匀饱满，干透后要将表面清理干净，使线条粗细一致。

（5）保护膜是由黑白双层聚乙烯组成，在安装过程中，为保护板面不被擦伤或粘上泥浆，不要撕下保护膜，当施工完后才撕去保护膜最佳。

（6）进行金属色、闪光色和石纹系列的铝塑板安装时，务必按保护膜上所标的方向安装，否则会因安装方向不一致而产生色差。

第6章 装饰骨架和线条

室内装饰装修中，装饰骨架是用于支撑基层的结构性材料，主要用于制作吊顶、实木地板、隔墙以及门窗套等部位的骨架，其种类主要有木龙骨、轻钢龙骨、铝合金龙骨。骨架的制作安装工程属于隐蔽工程，质量的好坏直接影响到工程质量和安全。

装饰线条在装修中是一种不很起眼的材料，但如果处理不好就会影响室内整体装饰效果。装饰线条既可以用来划分界面，收口封边，还能起到连接、固定的作用，而且因为装饰线条自身所具有的美感，还能起到相当不错的装饰效果。

6.1 木 龙 骨

木龙骨是家庭装修中最为常用的骨架材料，被广泛地应用于吊顶、隔墙、实木地板骨架制作中。

6.1.1 木龙骨的介绍及应用

1. 木龙骨的介绍

木龙骨俗称木方，主要由松木、椴木、杉木等树木加工成截面为长方形或正方形的木条，如图6-1 所示。

图 6-1 木龙骨样图

木龙骨规格主要有 5cm×5cm、4cm×5cm、5cm×7cm、3cm×4.5cm、2.5cm×3.5cm 等。

2. 木龙骨在装修中的应用

木龙骨目前仍然是家庭装修中最常用的骨架材料，根据使用部位来划分，可以分为吊顶龙骨、竖墙龙骨、铺地龙骨以及悬挂龙骨等，如图6-2 所示。木龙骨最大的优点就是价格便宜且易施工。但木龙骨自身也有不少问题，比如易燃、易霉变腐朽。在作为吊顶和隔墙龙骨时，需要在其表面再刷上防火涂料。在作为实木地板龙骨时，则最好进行相应的防霉处理，因为木龙骨比实木地板更容易腐烂，腐烂后产生的霉菌会使居室产生异味，并影响实木地板的使用寿命。

图 6-2　木龙骨的应用

6.1.2　木龙骨的选购

业主在购买木龙骨时，应当注意以下几个要点：

（1）新鲜的木龙骨略带红色，纹理清晰，如果其色彩呈现暗黄色，无光泽，则说明是朽木。

（2）查看所选木方横切面的规格是否符合要求，头尾是否光滑、均匀，不能大小不一。同时木龙骨必须平直，不平直的木龙骨容易引起结构变形。

（3）要选木疤节较少、较小的木龙骨，如果木疤节大且多，螺钉、钉子在木疤节处会拧不进去或者钉断木方，容易导致结构不牢固。

（4）要选择密度大且较沉的木龙骨，可以用手指甲抠抠看，好的木龙骨不会有明显的痕迹。

6.1.3　木龙骨施工图解及注意事项

木龙骨和石膏板制作天花的施工工艺可参照"石膏板施工图解及注意事项"部分内容。以下以夹板制作木地台为例进行施工图解。

第一步：根据图纸定位，如图 6-3 所示。

第二步：根据需要开料，如图 6-4 所示。龙骨架须采用 18mm 板。

图 6-3　根据图纸定位

图 6-4　开料

第三步：地面垫防潮棉，并沿墙壁刷好防潮层，如图 6-5 所示。

第四步：打钉固定龙骨架，如图 6-6 所示。

第五步：封台面板，如图 6-7 所示。

第六步：开条，如图 6-8 所示。

图 6-5　防潮处理

图 6-6　固定龙骨架

图 6-7　封台面板

图 6-8　开条

木地台铺设尺寸允许偏差和验收方法如表 6-1 所示。

表 6–1　木地台铺设尺寸允许偏差和验收方法

项目	允许偏差（mm）	验收方法
表面平整度	≤2.0	2m 靠尺、楔形塞尺、水平尺，全数检查
伸缩缝宽度	5～8	钢卷尺，全数检查

6.2　轻　钢　龙　骨

轻钢龙骨是以冷轧钢板为原料，采用冷拉弯工艺制作而成的薄壁型钢。轻钢龙骨不会燃烧，消防性能优越，在公共空间中已经是骨架材料的最主要品种。在家庭装修中也越来越多地使用不易变形、具有防火性能的轻钢龙骨作为隔墙和吊顶骨架材料。

6.2.1　轻钢龙骨的介绍及应用

1. 轻钢龙骨的介绍

轻钢龙骨具有强度高、耐火性好、安装简易等优点。按用途轻钢龙骨可以分为吊顶龙骨和隔断龙骨；按断面形状不同有 U 形、L 形和 T 形，装饰中常用的为 U 形；按承载能力的大小又分为上人龙骨和不上人龙骨两种。

轻钢龙骨安装是需要配件的，所需要的配件主要有吊挂件、接长连接件、正交连接件等，各种类型轻钢龙骨配件的品种和数量各不相同。

2.轻钢龙骨在装修中的应用

轻钢龙骨适用于制作以石膏板、夹板为基材的骨架。但轻钢龙骨对施工工艺要求较高,更多的只能做直线条,不适合做特别复杂的造型,如图6-9所示。

图6-9　轻钢龙骨墙面及天花的应用

6.2.2　轻钢龙骨的选购

选购轻钢龙骨时应注意以下要点:

(1)轻钢龙骨的钢材厚度要求主龙骨不低于1mm,副龙骨不低于0.6mm。家装一般选用U38和U50型号。

(2)所有在吊顶内的零配件、龙骨均应为镀锌件。

(3)龙骨、吊杆、连接件均应位置正确,材料平整、顺直,连接牢固、无松动。

6.3　铝合金龙骨

铝合金龙骨具有质地坚硬、色泽美观、防火、不生锈等优点,也是一种常用的龙骨材料,在各类空间都有广泛的应用。

6.3.1　铝合金龙骨的介绍及应用

1.铝合金龙骨的介绍

铝合金龙骨是以铝板轧制而成,专用于拼装式吊顶的龙骨,具有强度较高、质量轻、加工方便、安装简单、防火、耐腐蚀的特点,同时具有良好的弹性。铝合金龙骨一般为T形,根据面板安装方式的不同，分为龙骨底面外露和不外露两种，并有专用配件供安装时使用。铝合金龙骨的宽度和高度应根据设计而定，厚度在 0.8～1.2mm 之间，如图 6-10 所示。

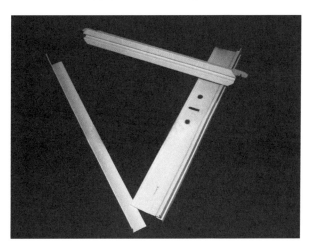

图 6-10　铝合金龙骨样图

2. 铝合金龙骨在装修中的应用

铝合金龙骨材料的运用比较广泛，除了在吊顶和隔墙、门窗大量使用外，衣柜、橱柜等家具的滑动梭门也采用铝合金边框架，细致精巧，穿插自如，给人以美感。还可以将铝合金和轻钢龙骨搭配起来使用，外露部分采用质感效果更佳的铝合金龙骨，而看不到的主龙骨则用轻钢龙骨，结合两者各自的优点，如图 6-11 所示。

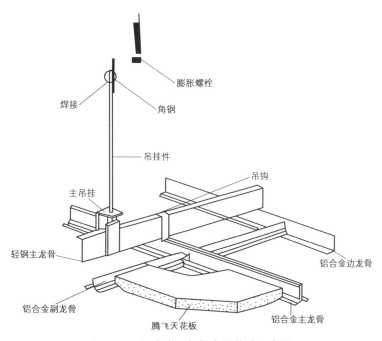

图 6-11　铝合金、轻钢龙骨构造示意图

6.3.2　铝合金龙骨的选购

选购铝合金龙骨时，应仔细查看产品的表面状况，产品表面不能有明显的擦划伤等缺陷，产品色彩鲜亮、光泽好、截面较厚。

6.4 木 线 条

装饰木线是室内装修最常用的装饰线条，装饰木线本身漂亮的纹理和材质就能使室内更富有层次美和艺术感。

6.4.1 木线条的介绍及应用

1. 木线条的介绍

木线条实质上是一种小体积的线性木雕，从材料上分为实木线条和复合线条。实木线条是选硬质、木纹漂亮的实木加工成条状；复合线条是以纤维密度板为基材，表面贴塑或上漆形成多种色彩和纹理的线条。木线条样图如图 6-12 所示。

木线条在空间中有"起、转、迎、合、分"的作用，在装修工程中起着非常重要的连接作用。在业界有种说法，就是装修做到最后就是在做细节，做收边，而木线条就是收边的一种最常用的材料。由此也可见线条在装修中的重要作用，无论是半圆线、门（窗）套线，还是压顶线、踢脚线，都是装修中必不可少的重要元素。

2. 木线条在装修中的应用

木线条多用于各类工程中的封边和收口，还可以用于地脚线和天花吊顶装饰角线，同时也大量地应用于实木门窗套、家具边角等处的封边和装饰。木线条在天花的应用效果如图 6-13 所示。

图 6-12　木线条样图　　　　　　　　图 6-13　木线条在天花的应用效果

6.4.2 木线条的选购

（1）木线条的加工质量是其装饰效果的关键。木线条分未上漆木线条和上漆木线条两种。未上漆木线条应先看整根木线是否光洁、平实，手感是否顺滑，有无毛刺，尤其注意木线条是否有疤节、开裂、腐朽、虫眼等现象；上漆木线条可从背面未上漆处辨别木质好坏、毛刺多少，同时仔细观察漆面的光洁度，上漆是否均匀，色度是否统一，有无色差、变色等现象。

（2）提防以次充好。木线条也分清油和混油两类：清油木线条对木纹要求较高，多是用一些比较昂贵且纹理漂亮的木材制成，市场售价较高；混油木线条对木纹要求较低，多用一些杂木制成，市场售价较低。

（3）对于现场制作的家具和门窗套所用木线条，要求纹理和颜色基本一致，比如门板用的是深色胡桃木，那买来封边的木线条也必须是与门板纹理和颜色相近的胡桃木线条。

6.5　石 膏 线 条

在早些年的装修中，石膏线条的应用非常普遍，很多家庭装修无论合适与否都要在天花处安装纹理较为繁复的石膏线条。近年来石膏线条的应用比较少了，主要是大多数人装修都选择的是较为简洁的现代风格，繁复的石膏角线用于其中就不是那么合适了。

6.5.1　石膏线条的介绍及应用

1. 石膏线条的介绍

石膏线条是以石膏材料为主，加入骨胶纸筋等纤维以增强石膏的强度，用于室内墙体构造角线、柱体装饰的材料，如图 6-14 所示。

石膏线条具有价格低廉、防火、防潮、不易变形、施工方便、装饰效果好的特点。

2. 石膏线条在装修中的应用

石膏线条的生产工艺非常简单，比较容易做出各种复杂的纹样，在装修中多用于一些欧式或者比较繁复的装饰中，可以作为天花角线，也可以作为腰线使用（见图 6-15），还可以作为各类欧式墙壁的装饰线。

图 6-14　石膏线条用于室内墙体、柱体装饰效果

图 6-15　石膏腰线效果

6.5.2　石膏线条的选购

（1）看表面。优质的石膏线表面洁白、明亮且干燥、结实，表面造型菱角分明，没有气泡，不开裂，使用寿命长。而一些劣质的石膏线是用石膏粉加增白剂制成的，其表面颜色发暗、发青，还有一些含水量大且没有干透的石膏制成的石膏线，其硬度、强度都很差，使用后会发生扭曲变形，甚至断

裂等现象。

（2）看断面。合格的石膏线内要铺数层纤维网，这样石膏线附着在纤维网上，就会增加石膏线的强度，所以纤维网的层数和质量与石膏线的质量有密切的关系。劣质石膏线内铺网的质量差，不满铺或层数少，有的甚至做工粗糙，用草、布等代替，这样都会减弱石膏线的附着力，影响石膏线的质量。使用这样的石膏线容易出现边角破裂，甚至整体断裂现象。所以检验石膏线的内部结构，应把石膏线切开看其断面，看内部网质和层数，从而检验内部质量。

（3）看图案花纹深浅。一般石膏浮雕装饰产品图案花纹的凹凸应在 10mm 以上，且制作精细。这样，在安装完毕后，再经表面刷漆处理，依然能保持立体感，体现装饰效果。如果石膏浮雕装饰产品的图案花纹较浅，只有 5～9mm，效果就会差得多。

（4）用手指弹击石膏线表面，优质的会发出清脆的响声，劣质的则比较沉闷。

6.6　金　属　线　条

金属线条种类繁多，价格偏高，主要有铝合金和不锈钢两种。金属线条具有防火、轻质、高强度、耐磨等特点，其表面一般经氧化着色处理，可制成各种不同颜色。

6.6.1　金属线条的介绍及应用

铝合金线条是用铝材加入锰镁等合金元素后，挤压而成的条状装饰线条，具有轻质、耐蚀、耐磨等优点。其表面还可涂上一层坚固透明的电泳漆膜，涂后更加美观。铝合金线条多用于装饰面板材上的收边线，在家具上常常用于收边装饰。此外还被广泛地应用于玻璃门的推拉槽、地毯的收口线等方面。

不锈钢线条相对于铝合金线条具有更强的现代感，其表面光洁如镜，用于现代主义风格装饰中效果非常好。不锈钢装饰线条和铝合金装饰线条一样可以用于各种装饰面的收边线和装饰线。不锈钢线条收边装饰柜效果如图 6-16 所示。

图 6-16　不锈钢线条收边装饰柜效果

6.6.2 金属线条的选购

装饰线条使用不宜过于繁杂，应讲究实用、美观、合理。金属线条在室内装修中用于局部的装饰，如铁艺门窗、不锈钢楼梯扶手、家具边角、装饰画框等。装饰线条的加工质量是装饰效果的关键，应选光洁、平实、顺滑、无毛刺、无刀痕、无虫眼和节疤者。应注意线型图案是否清晰，加工的深度是否一致。

6.7 PS 发 泡 线 条

PS 发泡线条多用于背景墙收边以及制作装饰画的边框，在一些豪华酒店、豪华 KTV、别墅等都会使用这种线条，其表面可以仿制出多种纹理，就市场趋势看，多以仿石材和木材纹理为主，逼真度很高。

6.7.1 PS 发泡线条的介绍及应用

PS 发泡线条是一种新型的高分子装饰线条材料，是一种特殊的塑料产品，主料是聚苯乙烯颗粒，通过二次发泡，经过加工覆膜成型后生产出的一种新型材料。因其相对其他木线条、石膏线条的优势明显，渐渐得到社会的认可和百姓的喜爱。

PS 发泡线条具有经济适用，便于加工制作和施工的特点，且纹理逼真度高，美观性极佳，其装饰效果如图 6-17 所示。

图 6-17　PS 发泡线条装饰效果

6.7.2 PS 发泡线条的选购

PS 发泡线条的选购主要看风格搭配，质量上要查看表面的花纹是否清晰，花纹拼接是否顺畅自然，颜色有无明显变化。

第7章 装饰玻璃

玻璃在装修中从外墙窗户到室内墙面、门扇等都普遍使用到。玻璃在现代设计中的装饰作用越来越突出，而且随着玻璃制作工艺的提高，玻璃的功能从过去的采光和装饰功能向调节热量、节约能源、控制噪声等现代环保要求发展。

7.1 平板玻璃

平板玻璃是指未经其他加工的平板状玻璃制品，也称白玻或清玻，是一种应用很广泛的玻璃种类。

7.1.1 平板玻璃的介绍及应用

1. 平板玻璃的介绍

平板玻璃是由石英、纯碱、石灰石等主要原料与其他辅材经高温熔融成型并冷却而成的透明固体。它具有透光、隔热、隔声、耐磨、耐气候变化的特点。

普通平板玻璃是装修中最常见的玻璃种类，也是进一步加工成具有多种性能玻璃的基础材料，在平板玻璃的基础上可以加工出磨砂玻璃、磨光玻璃、彩色玻璃、喷花玻璃、钢化玻璃等多种装饰玻璃。平板玻璃样图如图 7-1 所示。

与浮法玻璃的比较：浮法玻璃也是平板玻璃的一种，但浮法玻璃在生产工艺上和普通平板玻璃不同，可以认为浮法玻璃是采用浮法工艺生产的高级平板玻璃。浮法玻璃生产的成型过程是在充入保护气的锡槽中完成的，熔融玻璃液从池窑中连续流入并漂浮在相

图 7-1 平板玻璃样图

对密度较大的锡液表面上，在重力和表面张力的作用下，玻璃液在锡液面上铺开、摊平，直至上下表面平整、硬化。浮法玻璃相对于普通平板玻璃而言表面更平滑，无波纹，透视性佳，厚度均匀，上下表面也更平整。浮法玻璃的厚度从 3～25mm 有很多种规格。浮法玻璃的应用基本和普通平板玻璃一样，但它除了具有平板玻璃的适用空间外，还可运用于镜板、光学仪器、车辆、家具装饰上。

2. 平板玻璃在装修中的应用

平板玻璃的厚度有很多种，在装修中应用时需要根据它们的厚度使用在不同的空间。

（1）3～5mm 玻璃：主要用于外墙窗户、门扇等小面积透光造型等，一般来说，门窗上的玻璃用 4～5mm 的即可，尤其是推拉窗，用太厚的会增加质量，推拉极不方便。

（2）6～9mm 玻璃：主要用于室内屏风、大量使用玻璃的推拉门等较大面积但又有框架保护的造型中。

（3）9～12mm 玻璃：可用于室内大面积隔断、栏杆、地弹簧玻璃门等装修项目，通常用到 12mm

厚度的较为保险。

（1）必须是无色透明或带有淡绿色的。

（2）玻璃的表面平直，薄厚应均匀，尺寸应规范。选购时可以先把两块玻璃平放在一起，使之相互吻合，揭开时，若需要使很大的力气，则说明玻璃很平整。

（3）没有或少有气泡、结石、波筋等，质量好的玻璃距离 60cm 远，背光肉眼观察，不允许有大的或集中的气泡，不允许有缺角或裂痕或划痕或沙眼越少越好。

（4）玻璃在潮湿的地方长期存放，表面会形成一层白翳，使玻璃的透明度大大降低。这种表面有一层白翳的玻璃最好不要。

7.2 磨 砂 玻 璃

93

磨砂玻璃是在普通平板玻璃上面再经过磨砂工艺加工而成。其表面也是平面的，只是因为磨砂的原因，表面打磨出微小颗粒，形成粗糙的表面，对光线产生不平行折射，有透光不透视的特点。

7.2.1 磨砂玻璃的介绍及应用

1. 磨砂玻璃的介绍

磨砂玻璃是将平板玻璃的一面或者两面用金刚砂、硅砂、石榴粉等磨料进行机械研磨或手工研磨，制成均匀粗糙的表面，也可以用氢氟酸溶液对玻璃表面进行加工。如果用压缩空气将细砂喷至平板玻璃表面上进行研磨，所得的产品称为喷砂玻璃。喷砂玻璃在性能上基本与磨砂玻璃相似，不同的是改磨砂为喷砂。由于两者视觉上类同，很多业主，甚至装修专业人员都把它们混为一谈。如果在喷砂玻璃上将具有很强黏附力的胶液均匀地涂在表面，因为胶液在干燥过程中会造成体积的强烈收缩，而胶体与粗糙的玻璃表面具有良好的黏结性，这样就使得玻璃表面发生不规则撕裂现象，就生成了市面上很流行的冰花（裂纹）玻璃。

磨砂玻璃的常用厚度有 2、3、4、5、6、9mm，其中以 5、6mm 厚度的最多，单片规格尺寸有 300mm×900mm、400mm×1600mm 和 600mm×2200mm 数种。

2. 磨砂玻璃在装修中的应用

磨砂玻璃表面被处理成粗糙毛面，使透入光线产生漫散射，具有透光而不透明的优点。磨砂玻璃主要应用在要求透光而不透视、隐秘而不受干扰的空间，如厕所，浴室，办公室门、窗和各种隔断等，可以隔断视线，柔和光环境。也可用于需要划分区域而又要求整体空间通透的地方，如制作玄关、屏风等。磨砂玻璃应用效果如图 7-2 所示。

图 7-2 磨砂玻璃应用效果

7.2.2 磨砂玻璃的选购

磨砂玻璃选购要点：磨砂玻璃其实也可以算是平板玻璃的一种，在选购上同样可以参照平板玻璃的选购，唯一的区别只是增加了纹理的挑选。

7.3 压 花 玻 璃

压花玻璃又称花纹玻璃或滚花玻璃，其物理性能基本与普通平板玻璃相同，在光学上和磨砂玻璃一样具有透光不透视的特点，可以使光线柔和，并具有私密空间的屏护作用和不错的装饰效果。

7.3.1 压花玻璃的介绍及应用

1. 压花玻璃的介绍

压花玻璃是采用压延方法制造的一种平板玻璃，即在玻璃硬化前用刻有花纹的辊筒在玻璃的单面或者双面压上花纹，从而制成单面或双面有图案的玻璃。

压花玻璃的表面压有深浅不同的各种花纹图案，由于表面凹凸不平，光线透过时即产生漫射，因此从玻璃的一面看另一面的物体时，物像就会模糊不清，从而形成透光不透视的效果。另外，压花玻璃由于表面具有各种方格、圆点、菱形、条状等花纹图案，非常漂亮，因此具有良好的艺术装饰效果。

2. 压花玻璃在装修中的应用

压花玻璃适用于室内间隔、卫生间门窗及需要采光又需要阻断视线的各种场合。压花玻璃因为是压制而成的，其强度要比普通平板玻璃大得多。同时压花玻璃可以生产成各种颜色，可以作为一种很好的装饰材料用于室内的各个空间。压花玻璃具有的强度高、装饰效果好的特点使得它在室内各个空间都能够广泛地采用，客厅、餐厅、书房、屏风、玄关都适合安装。和压花玻璃类似的是磨砂玻璃，磨砂玻璃与压花玻璃在光学性质上并没有区别，只不过磨砂玻璃表面的纹理更小、更细密，因此经过磨砂玻璃反射、折射和漫射的光线相比压花玻璃更均匀、柔和。压花玻璃效果如图 7-3 所示。

图 7-3　压花玻璃效果

7.3.2 压花玻璃的选购

压花玻璃也属于平板玻璃的一种，只是在平板的基础上再进行了压花的处理，所以在选购上和平板玻璃一样。只是在选购时需要考虑压花玻璃的花纹是否漂亮，这个跟个人的审美观有很大关系。除此之外，有些压花玻璃还是彩色的，因而还需要考虑与室内空间的颜色和设计风格的协调性。

7.4 钢 化 玻 璃

钢化玻璃又称强化玻璃，其最大特点就是强度、硬度相比于其他玻璃品种要高很多，是一种安全玻璃，也是非常常用的一种玻璃品种。

7.4.1 钢化玻璃的介绍及应用

1. 钢化玻璃的介绍

钢化玻璃是普通平板玻璃或浮法玻璃的二次加工产品，是将普通平板玻璃加热至软化点，然后急剧风冷所获得的一种高强度安全玻璃。在相同厚度下，钢化玻璃抗弯强度比普通平板玻璃高 4~5 倍；抗冲击强度比普通平板玻璃高 5 倍。钢化玻璃的耐急冷急热性能较之普通平板玻璃有 2~3 倍的提高，一般可承受 150℃ 左右的温差变化，对防止热炸裂有明显的效果。更为重要的是普通平板玻璃碎后会生成很多尖角的碎片，很容易伤人。而钢化玻璃被敲击时呈网状裂纹，破碎后碎片呈钝角颗粒状，棱角圆滑，对人不会有严重伤害，因而从安全性看，钢化玻璃比普通平板玻璃要强很多。

钢化玻璃按形状分为平面钢化玻璃和曲面钢化玻璃。平面钢化玻璃厚度主要有 4、5、6、8、10、12、15、19mm 八种；曲面钢化玻璃厚度主要有 5、6、8mm 三种，常见厚度为 5mm。其规格尺寸多为 400mm×900mm、500mm×1200mm。钢化玻璃不能切割，必须按照设计要求的尺寸及原片玻璃的种类定做。

2. 钢化玻璃在装修中的应用

钢化玻璃主要用于室内各个空间的隔断、楼梯护栏、采光顶棚等，如图 7-4 所示。钢化玻璃也可做成无框玻璃门，有较好的装饰效果；在外墙上钢化玻璃用于幕墙时有较高的抗风压能力，并可防止热爆炸。

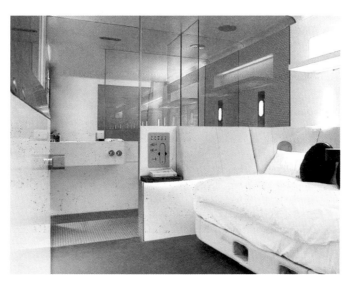

图 7-4　钢化玻璃应用效果

（1）看安全性：可以查看商家切割下的边废料是否为细小的钝角颗粒状。

（2）看应力斑：正宗的钢化玻璃仔细看有隐约的条纹，这种条纹就是应力斑。应力斑是钢化玻璃没有办法去除的，若没有则肯定是假的，但是这种应力斑也不是越多越好，反而是少点质量更好。

（3）看平整度：钢化玻璃在平整度上要略逊于平板玻璃，因而在购买时更应该注意其平整度。

（4）看均质处理：钢化玻璃有一种固有问题，那就是自爆。但是经过了均质处理的钢化玻璃在自爆上的隐患基本可以解决，所以在购买时需要查看说明书，看是否经过了均质处理。

7.5 热熔玻璃

热熔玻璃又称水晶立体艺术玻璃，是近几年才开始在装饰行业中出现的新品种。以前，我国市场上均为国外产品，现在国内已有玻璃厂家引进国外热熔炉生产的产品。热熔玻璃跨越现有的玻璃形态，充分发挥了设计者和加工者的艺术构思，把现代或古典的艺术形态融入玻璃之中，使平板玻璃加工出各种凹凸有致、颜色各异的艺术化玻璃。

7.5.1 热熔玻璃的介绍及应用

1.热熔玻璃的介绍

热熔玻璃是采用特制热熔炉，以平板玻璃和无机色料等作为主要原料，设定特定的加热程序和退火程序，在加热到玻璃软化点以上，经特制成型模模压成型后退火而成，若有必要，可再进行雕刻、钻孔、修裁等后期工序加工。

热熔玻璃优点显著，图案丰富、立体感强、装饰华丽、光彩夺目，解决了普通装饰玻璃立面单调呆板的感觉，使玻璃表面具有很生动的造型，满足了人们对装饰风格多样和美感的追求，其别具一格的造型、灵活变幻的纹路是其他玻璃产品无可比拟的。热熔玻璃效果如图7-5所示。

图 7-5 热熔玻璃效果

2. 热熔玻璃在装修中的应用

现热熔玻璃产品种类繁多，已经有热熔玻璃砖、门窗用热熔玻璃、大型墙体嵌入玻璃、隔断玻璃、一体式卫浴玻璃洗脸盆、玻璃艺术品等各种产品，适用范围大大提高，可以用于客厅电视和沙发背景墙、门窗玻璃、隔断、玄关等各处。

7.5.2　热熔玻璃的选购

热熔玻璃选购要点：参照平板玻璃选购章节，同时可以根据个人的喜好选购热熔玻璃的纹理、颜色。

7.6　彩　色　玻　璃

彩色玻璃在使用上有着非常悠久的历史，早在公元 4 世纪时就有大量的使用，当时彩色玻璃更多出现在教堂里，是教堂制造神秘氛围的重要材料。

7.6.1　彩色玻璃的介绍及应用

1. 彩色玻璃的介绍

彩色玻璃是在玻璃原料中加入金属氧化剂，从而使玻璃具有各种各样的颜色而制成，比如加入金呈现红色，加入银呈现黄色，加入钙呈现绿色，加入钴呈现蓝色，加入铵呈现紫色，加入铜呈现玛瑙色。彩色玻璃效果如图 7-6 所示。

2. 彩色玻璃在装修中的应用

彩色玻璃颜色艳丽，在室内过多使用容易造成很花哨的感觉，但对于一些对颜色有特殊要求的地方，比如娱乐空间和儿童房等适量使用无疑会形成很强烈的视觉效果，尤其是在光线的照射下，彩色玻璃能够形成五彩缤纷的投影，从而造成一种神秘、梦幻的效果，这也是中世纪哥特教堂大量采用彩色玻璃作为装饰的重要原因，如图 7-7 所示。

图 7-6　彩色玻璃效果　　　　　　　　　　图 7-7　彩色玻璃光影效果

7.6.2　彩色玻璃的选购

彩色玻璃的选购和平板玻璃基本一致，但在颜色上要求鲜艳均匀，有光泽。

7.7 夹 胶 玻 璃

夹胶玻璃又称为夹层玻璃，相比于其他玻璃，它在安全性上有自己突出的优点。

7.7.1 夹胶玻璃的介绍及应用

1. 夹胶玻璃的介绍

夹胶玻璃一般由两片或多片普通平板玻璃（也可以是钢化玻璃或其他特殊玻璃）和夹在玻璃之间的有机胶合层构成，当受到破坏时，碎片仍黏附在胶合层上，避免了碎片飞溅对人体的伤害，因此它也被称为安全玻璃，且安全系数远大于钢化玻璃，常说的防弹玻璃其实就是夹胶玻璃的一种强化产品。夹胶玻璃样图如图 7-8 所示。

图 7-8 夹胶玻璃样图

夹胶玻璃的类型多种多样，根据中间膜的熔点不同，可分为低温夹层玻璃、高温夹层玻璃、中空玻璃；根据中间所夹材料不同，可分为夹纸、夹布、夹植物、夹丝、夹绢、夹金属丝等众多种类；根据夹层间的粘接方法不同，可分为混法夹层玻璃、干法夹层玻璃、中空夹层玻璃；根据夹层的层类不同，可分为一般夹层玻璃和防弹玻璃。

2. 夹胶玻璃在装修中的应用

根据夹胶玻璃的特点，它可以应用于室内任何需要使用玻璃的空间。但实际上夹胶玻璃在家庭装修中采用得非常少，有些高档的场所会用于玻璃顶棚、天窗等地方，即使玻璃破碎，碎片也没有落下的危险。

7.7.2 夹胶玻璃的选购

购买夹胶玻璃时可以参照平板玻璃选购要点。此外，查看产品的外观质量时，应注意夹胶玻璃不应有裂纹、脱胶。

在使用过程中，应尽量避免外力冲击，尤其是钢化夹层玻璃要避免尖端受力冲击。清洁玻璃时注意不要划伤或擦伤、磨伤玻璃表面，以免影响其光学性能、安全性能及美观。夹胶玻璃在安装时应使用中性胶，严禁与酸性胶接触。

7.8 中 空 玻 璃

中空玻璃是一种新型的节能玻璃品种，相对于普通的平板玻璃而言有着更好的隔热、隔音、节能性能。

7.8.1 中空玻璃的介绍及应用

1. 中空玻璃的介绍

中空玻璃是由两片或多片玻璃组成，玻璃与玻璃之间保持一定间隔的干燥空气层或者在间隔中充入惰性气体，周边密封而成，是一种节能型玻璃。中空玻璃最大的优点是在其中间的空气层能够有效降低玻璃两侧的热交换，起到很好的环保节能效果。

由于中空玻璃密封的中间空气层导热系数较平板玻璃要低得多，因此与单片玻璃相比，中空玻璃的隔热性能可提高两倍以上。而且中间的空气层间隔越厚，隔热、隔音性能就越好。夏天可以隔热，冬天则保持室内暖气不易流失，节能效果显著，是目前建筑窗户用玻璃产品的首选。除了隔热性能良好外，中空玻璃的隔音性能也比普通平板玻璃要强很多，对于一些路边的建筑物而言，采用中空玻璃能够使得室内噪声污染大幅减少。

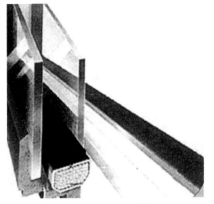

图7-9　中空玻璃图

中空玻璃多用做窗户玻璃，有双层和多层之分，玻璃多采用3、4、5、6mm厚的平板玻璃或钢化玻璃原片，空气层厚度多为6、9、12mm。中空玻璃样图如图7-9所示。

2. 中空玻璃在装修中的应用

目前国内对于节能环保的呼声越来越高，节能型的材料也越来越被重视，中空玻璃就是其中的一种。质量好的中空玻璃，尤其是中间间隔层充入了惰性气体的中空玻璃在造价上比普通玻璃贵了很多，但是从长远考虑，其每天节省的电费日积月累下来肯定是更为划算的，而且还能起到节能的作用。中空玻璃主要用于需要采暖、设置空调、防止噪声或结露以及需要无直射阳光和特殊光的建筑物，广泛应用于住宅、饭店、宾馆、办公楼、学校、医院、商店等需要室内空调的场合。

7.8.2　中空玻璃的选购

（1）玻璃的选用。制造中空玻璃的原片玻璃可以是无色浮法玻璃、镀膜玻璃、钢化玻璃、夹层玻璃等。应尽量避免使用普通平板玻璃，普通平板玻璃的透明度及强度均达不到要求。

（2）玻璃厚度。取决于门窗中最大玻璃的面积和尺寸，较大的玻璃应选厚一些的；高层建筑比多层建筑要厚一点；沿海常有台风的地区和风沙较大的内陆地区应再厚一点，而且玻璃较厚，其隔音性能也较好。选购时要综合考虑当地的气候条件和楼层。

（3）隔热性能。要求隔热性能好的，应使用镀膜的玻璃，严格地说是热反射镀膜玻璃；中间的空气层也很重要，间隔越厚的中空玻璃隔热、隔音性能越好。

（4）定制与质量保证。中空玻璃是固定尺寸玻璃，不能买了玻璃回来切割安装，只能到中空玻璃厂家定制。为了今后放心使用，一定要找正规的中空玻璃厂家。为了保证质量，在付款提货的同时，应向厂家索取至少五年或十年的质量保证书，保证过五年或十年后玻璃内部不会结露或结霜，即密封性仍然良好。

（5）窗框或门框安装时要注意与玻璃的配合和密封，框的底边要有排水孔，不能积水。

7.9　玻　璃　砖

玻璃砖又称特厚玻璃，同样具有透光不透视的特点，是一种具有很好装饰性的玻璃品种。不仅在室内，在室外空间中也有应用。

7.9.1　玻璃砖的介绍及应用

1. 玻璃砖的介绍

玻璃砖是由高级玻璃砂、纯碱、石英粉等材料经高温融化后加工而成的一种隔音、隔热、防水、节能、透光良好的非承重装饰玻璃品种，主要有空心玻璃砖和实心玻璃砖两种。玻璃砖既可以分隔空间，同时又能将光线很好地引入室内。再加上其本身具有的透光不透视的特点，因而在室内应用能够起到延续空间的作用。玻璃砖的尺寸一般有 145、195、250、300mm 等规格。

玻璃砖本身就具有漂亮的纹理效果，用于室内装饰效果显得高贵典雅、富丽堂皇，如图 7-10 所示。

图 7-10　玻璃砖应用效果

2. 玻璃砖在装修中的应用

玻璃砖多应用于外墙或室内间隔，可以提供良好的采光效果，并有延续空间的作用。空心玻璃砖具有透光、保温、隔音、防潮等优点，采光较差的地方最适合采用。无论是单块镶嵌使用，还是整块墙面使用，皆有美化室内环境的作用。玻璃砖用于浴室隔断，可自然采光，让人沐浴在阳光下。玻璃砖应用于外墙，将自然的光线和室外的景色带入到室内，使得室内空间与室外环境相互和谐。

玻璃砖强度高、耐久性好，能经受风雨的考验，不需要额外的维护结构就能保障其安全性。玻璃砖用在室内墙面隔断，既提高了居室的光亮度，又加强了空间变幻的魅力，使墙体的功能特点增加。其独特的材质和花纹也能给居室设计带来一种通透、灵动的感觉。

7.9.2　玻璃砖的选购

（1）空心玻璃砖的外观不允许有裂纹，玻璃坯体中不允许有不透明的未熔物，不允许两个玻璃体之间的熔接不良。目测砖体不应有波纹、气泡及玻璃坯体中的不均物质所产生的层状条纹。

（2）玻璃砖的外表面里凹应小于 1mm，外凸应小于 2mm，无表面翘曲及缺口、毛刺等质量缺陷，角度要方正。

7.10　镭射玻璃

镭射玻璃又称光栅玻璃，是国际上十分流行的一种新型建筑装饰材料。

7.10.1 镭射玻璃的介绍及应用

1. 镭射玻璃的介绍

镭射玻璃是在玻璃或透明有机涤纶薄膜上涂敷一层感光层，利用激光在其上刻画出任意的几何光栅或全息光栅，在同一块玻璃上可形成上百种图案。

镭射玻璃的特点在于当它处于任何光源照射下时，都将因衍射作用而产生色彩的变化，而且对于同一受光点或受光面而言，随着入射光角度及人视角的不同，所产生的光的色彩及图案也将不同，其装饰效果是其他材料无法比拟的。镭射玻璃样图如图 7-11 所示。

目前国内生产的镭射玻璃的最大尺寸为 1000mm × 2000mm，在此范围内有多种规格的产品可供选择。

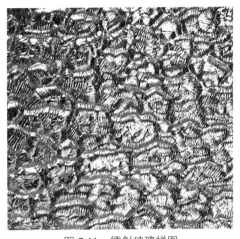

图 7-11　镭射玻璃样图

2. 镭射玻璃在装修中的应用

镭射玻璃大体上可分为两类：一类是以普通平板玻璃为基材制成的，主要用于墙面和顶棚等部位的装饰；另一类是以钢化玻璃为基材制成的，主要用于地面装饰。此外，还有专门用于柱面装饰的曲面镭射玻璃，专门用于大面积幕墙的夹层镭射玻璃以及镭射玻璃砖等产品。

镭射玻璃是目前多用于酒吧、酒店、商场、电影院等商业性和娱乐性场所，在家庭装修中也可以把它用于吧台、视听室等空间。如果追求很现代的效果，也可以将其用于客厅、卧室等空间的墙面、柱面。

7.10.2 镭射玻璃的选购

镭射玻璃是 20 世纪 90 年代开发出来的新产品，近年才开始进入室内装修领域，购买镭射玻璃可以参照平板玻璃和钢化玻璃的选购要点，但要注意的是购买镭射玻璃是为了它在光的作用下产生的效果，所以在买前测试光照下镭射玻璃的效果非常必要。

7.11　吸　热　玻　璃

吸热玻璃是指能吸收大量红外线辐射能而又保持良好的可见光透过率的平板玻璃。它是在普通钠钙玻璃中引入起着色作用的氧化物，使玻璃着色而具有较高的吸热性能。

7.11.1 吸热玻璃的介绍及应用

1. 吸热玻璃的介绍

吸热玻璃的生产方法有两种：一种是在普通钠钙硅酸盐玻璃的原料中加入一定量有吸热性能的着色剂；另一种则是在平板玻璃表面喷镀一层或多层金属或金属氧化物薄膜而制成。吸热玻璃按颜色分主要有茶色、灰色、蓝色、绿色、古铜色、青铜色、粉红色、金色、棕色等；按成分可分为硅酸盐吸热玻璃、磷酸盐吸热玻璃、光致变色玻璃等。吸热玻璃样图如图 7-12 所示。

吸热玻璃与普通平板玻璃相比具有以下特点：

（1）吸收太阳的辐射热。吸热玻璃的颜色和厚度不同，对太阳的辐射热吸收程度也不同。可根据不同地区的日照条件选择不同颜色的吸热玻璃。如6mm蓝色吸热玻璃可挡住50%左右的太阳辐射热，所以有明显的隔热效果。

（2）吸收太阳的可见光。吸热玻璃比普通玻璃吸收可见光要多很多。如6mm厚的普通玻璃能透过太阳光的78%，同样厚度的古铜色镀膜玻璃仅能透过太阳光的26%。吸热玻璃的这一特点能使刺目的阳光变得柔和，起到良好的反眩作用，特别是在炎热的夏天，能有效地改善室内光线，使人感到凉爽舒适。

图7-12　吸热玻璃样图

（3）吸收太阳的紫外线。吸热玻璃除了能吸收红外线外，还可以显著减少紫外线透射对人体的伤害。

（4）具有一定的透明度，能清晰地观察室外景物。吸热玻璃能够控制阳光与热能的透过，但对观察物体的清晰度没有明显的影响。

（5）色泽经久不变。吸热玻璃中引入无机矿物颜料作为着色剂，比较稳定，经久不褪色。

2. 吸热玻璃在装修中的应用

吸热玻璃在建筑装修中应用广泛，凡既需采光又需隔热的空间均可采用，尤其是炎热地区需设置空调、避免眩光的建筑物门窗或外墙体以及火车、汽车、轮船挡风玻璃等，可起到隔热、防眩等作用。

7.11.2　吸热玻璃的选购

吸热玻璃的选购要点可以参照平板玻璃选购，同时还可以根据个人的喜好和需求选购不同颜色或成分的吸热玻璃。

第8章　装饰壁纸、壁布

装饰壁纸的种类有很多，在室内的应用也越来越广泛，在墙面装饰上处于和乳胶漆几乎相同的地位。在家庭装修中，越来越多的人采用壁纸装饰以营造一种柔和、温馨的氛围。装饰壁布实际上是壁纸的另一种形式，一样有着变幻多彩的图案、瑰丽无比的色泽，但在质感上则比壁纸更胜一筹。

8.1　装　饰　壁　纸

装饰壁纸（也称为墙纸）具有色彩多样、图案丰富、豪华气派、安全环保、施工方便、价格适宜等多种其他室内装饰材料所无法比拟的特点，因此在室内装修材料中的应用相当广泛。市场上常见的壁纸品牌有摩曼、雅帝、圣象、孚祥、极东、恒美、樱之花、欧雅、皇冠、宏耐、丰和、玉兰、柔然等等。

8.1.1　装饰壁纸的介绍及应用

1. 装饰壁纸的介绍

装饰壁纸的种类很多，但在装饰壁纸的多个品种中，塑料壁纸又是其中用量最多、发展最快的。壁纸和乳胶漆一样具有相当不错的耐磨性，同样可以经得起多次擦洗而不褪色，并且拥有更加丰富多样的纹理和颜色，其独具的柔性感觉可以掩盖墙体的冷漠和坚硬感，给人温馨、亲切的感觉，在装饰性上要明显强于乳胶漆。同时，壁纸的施工也相对简单，工期很短，需要替换时也非常方便。壁纸装饰实景效果如图 8-1 所示。

图 8-1　壁纸装饰实景效果

装饰壁纸的主要种类有以下几种：

（1）塑料壁纸：是目前生产最多、应用最广的一种壁纸类型。它是以原纸为基层，以聚氯乙烯（PVC）薄膜为面层，经复合、印花、压花等工序制成。塑料壁纸可分为普通壁纸（印花壁纸、压花壁纸）、发泡壁纸、特种壁纸、塑料壁布等五大类，每一类有几个品种，每一品种又有几十至几百种花色。塑料壁纸具有柔韧耐磨、可擦洗、耐酸碱、吸声隔热的特点，表面可以仿制出各种纹理效果，图案逼真、立体感强、装饰效果好。

（2）植物纤维壁纸：由麻、草等植物纤维制成，是一种高档装饰材料，质感好，无毒、透气、吸声，使人感觉天然、美观。同时植物纤维壁纸对人体没有任何化学侵害，透气性能良好，墙面的湿气、潮气都可透过壁纸；长期使用，不会有憋气的感觉，被称为"会呼吸的壁纸"，是健康环保家居的首选。但是其制作工艺复杂，价格较贵。植物纤维壁纸的抗拉扯强度是普通壁纸的5倍，若出现污迹，不仅可用水擦洗，更可用刷子刷掉。

（3）纺织物壁纸：时下较流行，由丝、羊毛、棉、麻等纤维织成，质感好、透气性好，但价格贵。用这种壁纸装饰环境，给人以高尚雅致、柔和舒适的感觉。此类壁纸表面易积灰尘、不易清洗，而且清洗时需配备专门的洗尘设备，所以多用做高档装修的墙面和天花装饰。

（4）金属壁纸：是一种在基层上设有一层金属膜制成的壁纸，这种壁纸构成的线条特别美观，给人一种金碧辉煌、庄重大方的感觉，并且较为耐用，适合用于需要营造豪华氛围的公共场所，如酒店、餐厅、夜总会等。现代家居公共空间如客厅等墙面也有采用。

2. 装饰壁纸在装修中的应用

壁纸在室内装修中主要应用于墙面和天花装饰，在客厅、卧室等空间都得到了大量的使用。尤其是在卧室采用壁纸装饰墙面会给人很温馨、浪漫的感觉。壁纸可以做成各种纹理、色彩和图案效果，看上去都是非常漂亮的，但在选购时需要考虑到整体装修风格的统一性，选择的壁纸必须和室内的装修风格相互协调，如图8-2所示。

图 8-2   壁纸与整体装修风格协调效果

8.1.2   装饰壁纸的用量计算及选购

（1）壁纸通常都是按卷来销售的，一般来说一卷壁纸长10m、宽0.52m，可以铺设面积约为5m²。购买时通常需要多购置实际面积的5%～10%以备损耗。

（2）壁纸的选购首先需要注意风格的协调，壁纸拥有丰富多彩的纹样，很适合营造出各种风格的室内空间，选购时需要按照不同风格色系进行挑选，还需要注意和家具的搭配。但是壁纸也有其固有的问题，首先是壁纸粘贴时间长了会起卷甚至脱落，耐用性较差，大致几年后即需更换，尤其是那些低层、潮气较重的空间，使用壁纸的时效性更短，更加容易出现各种问题；其次是壁纸粘贴采用胶粘法，施工过程也会产生一定的甲醛。

除此之外壁纸选购在质量上还需要注意以下几点：

（1）外观：看壁纸的表面是否存在色差、皱褶和气泡，壁纸的图案纹理是否清晰，色彩是否均匀。同时还要注意表面不要有抽丝、跳丝等现象，展开壁纸检查壁纸的厚薄是否一致，应选择厚薄一致且光洁度较好的壁纸。

（2）擦洗性：最好裁下一小块壁纸小样，用湿布用力擦拭，观察壁纸是否有脱色的现象。

（3）批号：选购壁纸时，要注意查看壁纸的编号与批号是否一致，因为有的壁纸尽管是同一品牌甚至同一编号，但由于生产日期不同，颜色上便可能产生细微差异，常常在购买时难以察觉，直到大面积铺贴时才发现。而每卷墙纸上的批号即是代表同一颜色，所以选购时应尽量保持编号和批号的一致性，以避免墙纸颜色不一致，影响装饰效果。

（4）环保：闻一闻壁纸本身应无刺鼻气味。相对而言壁纸本身的环保问题不太严重，但是在施工中因为还是要采用胶粘的办法铺贴，所以在环保上不光要注意壁纸本身的环保性，还应该重点关注施工时的环保问题。

8.1.3 装饰壁纸施工注意事项

装饰壁纸施工是在扇灰的基础上进行的，扇灰完毕后上一层光油即可裱糊壁纸了。裱糊壁纸相对简单，只要在壁纸、基层涂刷黏结剂后粘贴即可。首先在粘贴壁纸前，要先检查好墙面以及边角位置是否干净、平整，打磨工作做得是否到位。壁纸上胶好后要先静置大约五分钟时间，然后进行粘贴。粘贴完毕必须擦净胶水，清理修整干净（两幅之间的缝隙中如有胶液析出，应用干毛巾轻抹或用海绵轻拭，否则会使壁纸表面脱色）。

8.2 装 饰 壁 布

装饰壁布和装饰壁纸比较类似，但是具有更强的吸音、隔音性能。

8.2.1 装饰壁布的介绍及应用

1. 装饰壁布的介绍

壁布（也称布面壁纸）表层材料的基材多为天然物质，无论是提花壁布、纱线壁布，还是无纺布壁布、浮雕壁布，经过特殊处理的表面，其质地都较柔软、舒适，而且纹理更加自然，色彩也更显柔和，极具艺术效果，给人一种温馨的感觉。壁布本身的柔韧性、无毒、无味等特点，使其既适合铺装在人多热闹的客厅或餐厅，也更适合铺装在儿童房或有老人的居室里。各类装饰壁纸、壁布的样板效果如图 8-3 所示。

2. 装饰壁布在装修中的应用

随着装饰材料的发展，装饰壁布也越来越多样化，不同的壁布则应用于不同的空间，常见的室内装饰壁布主要有以下几个种类：

（1）玻璃纤维印花壁布：是以中碱玻璃纤维布为基材，表面涂以耐磨树脂，印上彩色图案而制成的。优点是美观大方、色彩艳丽、不易褪色、不易老化、防火性能好、耐潮性强、可擦洗；缺点是容易断裂和老化，涂层磨损后，散出的玻璃纤维对人体皮肤有刺激性。

图 8-3　装饰壁纸、壁布样板效果

（2）无纺壁布：是采用棉、麻等天然纤维或涤纶、腈纶等合成纤维，经过无纺成型、上树脂、印制彩色花纹而制成的一种新型墙布材料。无纺壁布的特点是色彩鲜艳、表面光洁、有弹性、挺直、不易折断、不易老化，对皮肤无刺激性，粘贴方便，具有一定的透气性和防潮性，能擦洗而不褪色。无纺壁布适用于各种建筑物的内墙装饰。其中，涤纶棉无纺贴壁布还具有质地细洁、光滑等特点，尤其适用于高档宾馆及住宅的装修。

（3）纯棉装饰壁布：是将纯棉平布经处理、印花、涂层制作而成。它具有强高度、静电小、变形小、无光、无味、吸音、花型繁多、色泽美观等优点；缺点是表面易起毛，不耐擦洗。目前应用相对较少。

（4）化纤装饰墙布：是以涤纶、腈纶、丙纶等化纤布为基材，经处理后印花而成。这种墙布具有无毒、无味、透气、防潮、耐磨、高强度、质感柔和、耐晒、不褪色等特点。

8.2.2 装饰壁布的用量计算及选购

装饰壁布在装修中的用量可以参照装饰墙纸的用量计算方法。在选购时应注意以下几个要点：

（1）看：看一看壁布的表面是否存在色差、皱褶和气泡，壁布的图案是否清晰、色彩均匀。同时还要注意壁布表面不要有抽丝、跳丝等现象。

（2）摸：看过之后，可以用手摸一摸壁布，感觉它的质感是否好，薄厚是否一致。

（3）闻：这一点很重要，如果壁布有异味，很可能是甲醛、氯乙烯等挥发性物质含量较高。同时还要检查涂胶的环保性能。

（4）擦：可以裁一块壁布小样，用湿布擦拭纸面，看看是否有脱色的现象。

8.2.3 装饰壁布施工注意事项

（1）由于壁布本身会吸水，故应在胶水中加适量的白胶，以增加黏着力。

（2）若有胶水溢出，要用海绵吸除，以免损伤布面。

（3）刚铺装壁布以后的房间应该关闭门窗，阴干处理。因为刚铺完壁布的房间立刻通风会导致壁布翘边和起鼓。

（4）待壁布铺装结束 3d 后，应该用潮湿的毛巾轻轻擦去壁布接缝处残留的壁布胶。

（5）壁布比较耐擦洗，但是不耐钝物的磕碰，如果发现小处的表面有破损，可用近似颜色的颜料或油漆补救。非凹凸壁布，平日只需用鸡毛掸子清洁即可。

第9章 装饰门窗

门和窗是建筑围护结构系统中重要的组成部分,依据门窗材质和功用,大致可以分为塑钢门窗、铝合金门窗、木质类门窗、复合门窗等类型。

9.1 塑 钢 门 窗

塑钢门窗是继木门窗、钢门窗、铝合金门窗之后发展起来的新材料门窗。

9.1.1 塑钢门窗的介绍及应用

塑钢门窗以硬聚氯乙烯〔UPVC〕塑料型材为主材,钢塑共挤非焊接而成,是目前强度最好的窗。为了增加型材的强度,主腔内配有冷轧钢板制成的内衬钢,因为其是塑料和钢材复合制成,所以被称为塑钢窗。与铝合金门窗相比,塑钢门窗具有更优良的密封、保温、隔热、隔音性能。从装饰角度看,塑钢门窗表面可着色、覆膜、多色共挤,做到多样化,而且外表没有铝合金金属的生硬和冰冷感觉。塑钢门窗正以其优异的性能和漂亮的外观逐渐成为装饰门窗的新宠。

目前塑料门窗的种类很多,按开启方式分为平开窗、平开门、推拉窗、推拉门、固定窗、旋窗等,按构造分为单玻、双玻、三玻门窗等。塑钢窗和塑钢门效果如图9-1、图9-2所示。

图9-1 塑钢窗效果

图9-2 塑钢门效果

9.1.2 塑钢门窗的选购

(1)型材:塑钢窗主材为UPVC型材,UPVC型材是决定塑钢门窗质量的关键。好的UPVC型材壁厚应大于2.5mm,同时表面光洁,颜色为象牙白或者白中泛青。有些较低档的UPVC型材颜色为白中泛黄，这种型材防晒能力较差，使用几年后会越变越黄，甚至出现变形、开裂等问题。

（2）施工：塑钢门窗均在工厂车间用专业设备制作，只可现场安装，不能在施工现场制作。

（3）五金：五金配件是在使用中最容易出现问题的部分，因此需要选用质量好的，同时安装时要求安装牢固，推拉门窗需要推拉灵活自如。

9.2 铝合金门窗

铝合金门窗多是采用空芯薄壁铝合金材料制作而成，铝合金门窗和塑钢门窗虽然在材质上不同，但在结构形式和使用上却很相似。

铝合金门窗效果如图 9-3 所示。

图 9-3 铝合金门窗效果

9.2.1 铝合金门窗的介绍及应用

（1）铝合金门。铝合金门通常是采用铝合金做框，内嵌玻璃，也有少量镶嵌 PVC 仿木纹材料或者实木饰面板的做法。铝合金门按照开启方式可分为推拉门、平开门、折叠门。铝合金材料密度低、强度高、热电导率高、耐腐蚀能力强，具有良好的物理特性和力学性能。使用铝合金材料制作的铝合金门具有质量轻、密封性能好、色泽美观、加工方便等优点。

（2）铝合金窗。铝合金窗在市场上曾经风靡一时，其密封性能、隔音性能和加工性都比之前市场上常见的钢窗和木窗好得多，所以当铝合金推拉窗在市场上出现后，立刻就占据了垄断性地位。但随着铝塑窗和塑钢窗的出现，铝合金窗垄断地位已经被打破，然而并没有完全被取代，在一些空间还是很常用的。

铝合金窗有普通铝合金窗和断桥铝合金窗两种，铝合金窗外观美观，机械强度高，隔音性能好，耐腐蚀能力强，被广泛用于建筑工程领域，尤其是室内装修中，大多数人会选择铝合金窗做封闭式阳台。

铝合金门窗曾经在市场上的占有率是很高的，即使现在也是最常用的一种。旧型的铝合金门窗有推拉噪声大，保温、密封性差，易变形等问题，现在市场上的新型铝合金门窗已经在很大程度上解决了以前老款铝合金门窗的这些问题。

（1）厚度：相对而言，厚度越高越不易变形，铝合金推拉窗主要有 55、60、70、90 系列四种，数值越大厚度越厚。

（2）外观：要求表面色泽一致，无凹陷、鼓出、裂纹、毛刺、起皮等明显瑕疵。同时要求密封性能好，推拉时感觉平滑自如。

9.3　木　质　类　门　窗

目前国内建筑采用的门窗根据材料大致分为木质（木材、木基人造板材）和非木质（塑钢、金属）两大类，木质门窗按风格特点可以分为中式风格和西式风格，其造型、色彩、尺寸规格等依据使用时的具体设计方案确定。

9.3.1　木质类门窗的介绍及应用

1. 实木门

实木门是采用天然的名贵木材，如樱桃木、胡桃木、沙比利、柚木等经过干燥后加工而成的，具有漂亮的外观。同时因为木材本身的特性，实木门拥有良好的隔音、隔热、保温性能。这里需要特别注意的是，市场销售的实木门大多数并非真正的纯实木门，假设纯实木门从里到外都是用同一种名贵木材制作而成，售价很可能就要上万，而且纯实木门如果做工不好，就非常容易变形、开裂，因而完全没有必要刻意去追求所谓的纯实木门。目前实木门生产并没有统一的国家标准，整个行业存在着一个惯例：实木门名称都根据其外表材质而定，如外表为柚木，无论其内部为什么材料，都把它称为柚木实木门。

现场制作的平板门也常被称为实木门，现场制作的平板门中间多为轻型骨架结构，外接胶合板，两面表面再贴胶各种名贵木材饰面，再在饰面上进行清漆处理。因为现场施工条件和工人技术问题，所制作的门大多为平板状，最多在表面上镶嵌一些不锈钢条装饰。现场制作实木门效果如图 9-4 所示。

图 9-4　现场制作实木门效果

2. 木质推拉门

推拉门也是一种常见的门种，在居室中的卧室、衣柜、卫生间、厨房均有大量采用，在一些公共空间，如茶楼、餐馆中也有广泛应用，玻璃、布艺、藤编以及各种板材都可以用于推拉门的制作。推拉门的最大优点就是不占用空间，而且会让居室显得更轻盈、灵动。推拉门大多是采用现场制作的方式，但目前不少厂家也可以提供个性化生产，按照用户的要求进行定制生产和安装，尤其是衣柜推拉门厂家定制生产的方式已经非常普遍了。木质推拉门效果如图9-5所示。

图9-5　木制推拉门效果

3. 木窗

木窗是最传统的窗型，但由于纯木窗有易变形、开裂等多种问题，目前已经基本被淘汰了。现在市场上的木窗大多是木和铝复合生产而成的复合窗。内部以天然木材为主要受力结构，外部为铝材，在一定程度上解决了传统木窗的固有问题，同时还具有更高的节能性能，可以有效地将能耗降到最低，特别是在夏天时，可以进一步减小空调的用电量。复合木窗实景效果如图9-6所示。

图9-6　复合木窗实景效果

9.3.2　木质类门窗的选购

选购木质类门窗时，除了在纹理和颜色上需要考虑和整体室内风格相协调外，还需要在质量上注意以下环节：

（1）含水率：含水率是木制产品的一个最重要指标，几乎所有的木制材料都需要进行烘干处理，含水率过高很容易导致木制产品产生变形、开裂等问题。木质门的含水率通常必须控制在 10% 左右。

（2）外观：外观上要求色泽均匀，木纹清晰、纹理美观，表面没有污损、伤疤和虫眼等明显瑕疵。同时要求做工精细，手感光滑，摸不出毛刺。

（3）配件：实际上门在使用时最容易坏的还是锁具和合页等五金配件，选用的五金配件需要开阖自如且无噪声。

（4）选购推拉门时，无论用什么材料制作，最重要是考察滑轮和滑轨质量，其最基本要求是推拉时必须手感灵活，没有阻滞感。此外还需要注意推拉门内嵌玻璃的厚度，通常采用的是 5mm 厚的玻璃，太薄容易破裂，但也不宜太厚，否则会增加滑轮和滑轨的负担。

9.3.3　木质类门窗施工图解及注意事项

木质类门窗可现场安装，即购买好成品门窗后在施工现场安装即可。还有一种是木工现场制作，也是有其一定优势的。首先可以根据施工现场的情况进行个性化的设计，其次各种工种的配合也比较便利。虽然大工业化的集成生产占有一定的优势，但是木工的现场施工还是因为其具有独到的特点一直被保留下来。以下只介绍推拉门的现场制作工艺。

推拉门主要有室内推拉门以及衣柜等柜式的推拉门制作。两种推拉门的制作方法基本相同，下面就其制作标准工艺步骤进行详细讲解。

第一步：用 18mm 厚的大芯板开好 80mm 的板条，如图 9-7 所示。

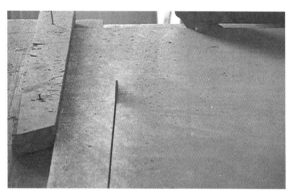

图 9-7　开好 80mm 的板条

第二步：在板条的中间开好防变形槽，防变形槽的作用是防止热胀冷缩导致木板整体变形，如图 9-8 所示。

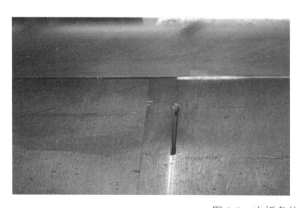

图 9-8　在板条的中间开防变形槽

第三步：做好框架，用两层 18mm 厚的板拼贴，并在正反两面贴上饰面板，最终效果如图 9-9 所示。

图 9-9　门框的最终效果

木工制作完成后，还需要对面层进行油漆施工，具体的施工步骤会在油漆施工章节中详细讲解，这里就不再重复了。

9.4　复　合　门　窗

复合门窗，顾名思义是由两种或两种以上主要材料做成的门和窗。各部件的材质、做法不同，复合门窗的性能、档次、价格也不相同。

9.4.1　复合门窗的介绍及应用

1. 实木复合门

实木复合门是采用松木、杉木等较低档的实木做门芯骨架，表面贴柚木、胡桃木等名贵木材经高温热压后制作而成的。实木复合门在外观上和实木门一样美观、自然，但价格较便宜，是目前市场上木门类的主流品种。因为其本身为复合而成，所以具有坚固耐用、保温、隔音、耐冲击、阻燃、不易变形、不易开裂等优点。实木复合门样图如图 9-10 所示。

实木复合门的造型多样，款式很多，表面可以制作出各种精美的欧式或者中式纹样，也可以做出各种时尚、现代的造型，因其造型多样，所以市场上有时也称之为实木造型门。

图 9-10　实木复合门样图

2. 铝塑门窗

普通铝合金推拉窗虽然具有美观亮丽、坚固耐用等优点，但是推拉噪声大，保温、密封性差，易变形，因此现在逐渐被新型铝塑窗所取代。

铝塑窗又叫铝塑复合窗，是采用隔热性明显强于铝型材的塑料型材和内外两层铝合金连接成一个整体，因为其两面为铝材，中间为塑料型材，所以称之为铝塑窗。铝塑复合窗兼顾了塑料和铝合金两种材料的优势，可以认为是普通铝合金窗的升级产品，其隔热性、隔音性与塑钢窗在同一个等级，同时彻底解决了普通铝合金窗传导散热快，不符合节能要求和密封不严的致命缺点。

铝塑复合窗因为其优异的性能在国内的发展速度非常快，目前已经被大量地应用于别墅、高档住宅楼及写字楼等各种空间，和塑钢窗一样成为了目前的主流产品。

铝塑门和铝塑窗是一样的，只是应用的部位不一样，铝塑门窗实景效果如图9-11所示。

图 9-11　铝塑门窗实景效果

3. 模压门

模压门是采用带凹凸造型和仿真木纹密度板一次双面模压成型，款式相对较少，档次较低。模压门生产的过程不需要一根钉子，粘接压合都是采用的胶水，再加上制作模压门的材料为密度板，所以一般含有一定量的甲醛。同时模压门在外观和手感上也没有实木门或实木复合门厚重、美观，表面纹理显得不自然。但是模压门价格便宜，而且防潮、抗变形性能较好，在一些中低端装修中还是有大量采用。同时模压门还可以进行上色处理，很多的模压木门表面是中性白色底漆，可以在白色中性底漆上根据个人喜好再上各种漆色。模压门在外形上可以做成和实木复合门一样，唯一区别只在于表面纹理不够真实。

9.4.2　复合门窗的选购

（1）实木复合门窗的选购方法基本和实木门一样，其中实木复合门还需要注意门扇内的填充物是否饱满，门的装饰面板和实木线条与内框是否黏结牢固，无翘边和裂缝。

（2）业主在购买铝塑门窗时可以参照铝合金门窗的选购要点，除此之外，还需要注意铝塑窗内部的腔体结构，内部应该采用壁厚 2.5mm、宽度不小于 40mm 的改性塑料型材。

（3）模压门的主材为密度板，同时生产时采用了大量的胶粘剂，因而选购模压门最需要注意的是其甲醛含量不能超标，选购时可以闻闻看有没有异味，异味越重说明甲醛含量越高。此外选购模压门还需要看其贴面与基板粘接是否平整、牢固，有无翘边和裂缝，有些质量差的模压门贴面可以轻易撕扯下来。

9.5　防盗门、玻璃门

室内应用的门窗种类繁多，除了以上介绍的类型之外，防盗门和玻璃门等在室内装修中也非常受青睐。

9.5.1　防盗门、玻璃门的介绍及应用

1. 防盗门

防盗门是指在一定时间内可以抵抗一定条件非正常开启，并带有专用锁和防盗装置的门。其主要作用就是防盗，因而对安全性要求也就特别高。通常防盗门面板多为钢板，里面衬有防盗龙骨并填满填充物，填充物多为蜂窝纸、矿渣棉、发泡剂等，能够起到保温、隔音的作用。在锁具上防盗门也有很高的要求，防盗门锁有机械锁、自动锁、磁性锁等，但无论是哪种锁，按照国家标准，都必须能够保证窃贼使用常规工具（如凿子、螺丝刀、手电钻等）15min 内不能开启。防盗门样图如图 9-12 所示。

2. 玻璃门

各种玻璃品种，如钢化玻璃、磨砂玻璃、压花玻璃等都在门的制作中得到了广泛的应用。尤其是推拉门，大多都会采用一些装饰性较强的玻璃，如磨砂玻璃、压花玻璃等和木框搭配制作。根据门型和工艺分为全玻门、半玻门等。全玻门多与不锈钢等材料搭配，通常除了四条边外，其余大面积均采用钢化玻璃，多用于一些公共空间，在居室空间的卫生间等处也有采用；半玻门则多是上半截为玻璃，下半截为板式，有一定的透明性。全玻门效果如图 9-13 所示。

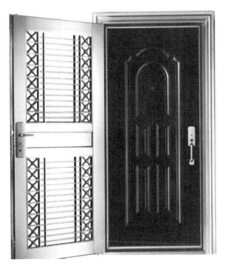

图 9-12　防盗门样图

图 9-13　全玻门效果

9.5.2　防盗门、玻璃门的选购

1. 防盗门选购要点

（1）钢板：国家规定，防盗门的门框使用的钢板厚度不能小于 2mm，门的面板要采用厚度在 1mm 的钢板，而且所用钢板最好是冷轧板。冷轧板相比热轧板而言具有更好的平整性和韧性。

（2）内部：防盗门内部必须有几根加强钢筋以增强防盗门的抗冲击性能，同时防盗门内最好有石棉等具有防火、保温、隔音效果的材料作为填充物。

（3）锁具：防盗锁须经过国家指定权威机构的认证，具有防钻、防锯、防撬、防拉、防冲击、防技术锁头，最好是有多个锁头和插杠，以增强锁具被撬开的难度。

（4）合格证：在选购防盗门时，可以查看产品的合格证。因为防盗门都有相关部门的检测合格证。防盗门的安全级别根据安全性能一般被分为 A、B、C 级三个等级，其中 A 级最低，B 级次之，C 级最高，一般家庭用的多为 A 级防盗门，当然级别越高越好。

（5）外观：检查防盗门有无开焊、漏焊等地方，门和门框关闭后是否密实，开启是否灵活，门板的涂层电镀是否均匀、牢固和光滑。

2. 玻璃门选购要点

（1）框架：玻璃门框架材质种类繁多，有实木门框、铝合金门框、塑钢门框、不锈钢门框等。在选购时要根据门的使用部位来确定材质，卫生间等有水区域常用铝合金的，房间隔断门常用实木的，阳台外围隔断门常用不锈钢的，也有用厚点的铝合金的。铝合金等金属框架厚度在 0.6 ~ 1.4mm 之间比较常用。

（2）玻璃：玻璃的款式直接影响玻璃门的使用和装饰效果，根据其工艺分为透明、磨砂、压花、热熔、镭射、彩印、彩雕等，在选购时要根据装修风格来定位。为了安全，最好选择钢化玻璃。玻璃的厚度在 5 ~ 10mm 之间，也有双面为 5 厘玻璃的门，在结构上就更加的稳定、安全。

（3）轨道：玻璃门除了传统的平开门外，最常见的就是推拉门。在选购时，推拉门轨道的好坏直接影响门的使用，轨道的导轨要求平直、光滑、耐磨损，滚轮与轨道接触要求紧致、平滑，来回推拉几次，要求无噪声。

（4）外观：玻璃门的外观也是影响整体效果的关键因素。在购买玻璃门时，要注意观察门框是否有磨损、掉漆的现象，用手按一下边框，看是否材质太薄；观察玻璃是否有破损，尤其是四个边角部位；检查五金配件是否松动，滑轮滑动是否顺畅；门的整体重量是否符合要求，太轻太薄的门抗风及抗机械损伤能力是很弱的，稳定性也不好，在使用过程中容易摇晃。

（5）合格证：购买时可以向商家索要产品的合格证，正规厂家生产的玻璃门无论是框架材料的结构强度，还是玻璃的安全级别，都是做过质量检测的，有合格证的玻璃门在使用过程中很少出现问题。

第10章 装饰涂料、油漆

涂料是指涂覆于物体表面，能够和物体表面很好地黏结在一起并能够形成涂层，从而达到保护、装饰物体目的的材料。过去习惯性地把涂料称为油漆，但实际上油漆已经不能很好地表达日益扩大的涂料品种。应该说油漆只是涂料的一个类别，除了油漆，涂料还有很多的品种。

10.1 乳 胶 漆

乳胶漆是室内最常用的一种墙面漆，可以说每个装修都不同程度用到了乳胶漆，它可以说是室内应用最广泛的一种材料。乳胶漆的主要品牌有立邦、多乐士、大师、嘉宝莉等。

10.1.1 乳胶漆的介绍及应用

1. 乳胶漆的介绍

乳胶漆是以树脂乳液为主要原料，加入水、颜料、填充剂和各种助剂合成的一种水性涂料，这些原材料是不含任何毒性的，因而从某种程度而言，乳胶漆是家居常用材料中最为环保的品种之一。

乳胶漆还是一种施工方便、安全、耐水洗、透气性好的漆种，它可根据不同的配色方案调配出不同的颜色，水湿擦洗后不留痕迹，并有亚光、亮光等不同表面光泽类型。在购买时可以让商家提供小色板进行挑选，如图 10-1 所示。

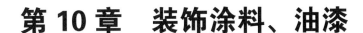

云轩 XP0105	天颜 XP0141	罗纱 XP0202	风铃彩 K3101	苹果彩 K3102	胡姬彩 K3103
妖娆 XP0205	娥娜 XP0502	桃颜 XP0505	玫瑰彩 K3104	大麦彩 K3105	百合彩 K3106
朗月 XP0607	玉面 XP0707	香荷 XP1405	红珊瑚 K3107	幻影 K3109	象牙白 K3110
瑰丽 XP1501	风亭 XP1502	玫园 XP1541	小杏树 K3113	浅灰 K3114	杏元饼干 K3115
朝晖 XP1904	恋日 XP2008	思旭 XP2011	红雪 K3116	玫瑰红 K3117	紫娟 K3118
粉黛 XP2043	秋石 XP2504	天骄 XP2708	银妆素裹 K3119	霜绿 K3120	春雪 K3121

图 10-1 乳胶漆小色板

乳胶漆有内、外墙用之分。因外墙受外界气候影响大，风吹、日晒、雨淋，尤其是紫外线照射下会使乳胶漆出现褪色、泛黄、粉化等问题。因此外墙用乳胶漆的耐候性能和耐紫外线照射性能较内墙乳胶漆要高，价格也更高。

乳胶漆也有底漆和面漆之分。底漆的主要作用是填充墙面的毛细孔，防止墙体碱性物质渗出而侵蚀面漆。面漆主要起装饰和防护作用，在光泽度上分为亮光、半亮光和亚光三种，光泽度依次减弱。

品牌乳胶漆一般都是将面漆和底漆搭配在一起出售的，一般是两桶面漆搭配一桶底漆。

2. 乳胶漆在装修中的应用

油漆大多是有毒的，但由于乳胶漆以水为分散介质，有机物含量低，因此使用安全。乳胶漆中只有游离分子单体，如各种丙烯酸酯、苯乙烯、醋酸乙烯等有不同程度的毒性，但其含量都在 0.1% 以下，不会对人体造成危害，所以可以说乳胶漆基本上是无毒的，是环保型产品。乳胶漆实际上是不含有甲醛的，目前市面上含有大量甲醛的所谓"乳胶漆"，其实是水溶性漆，而不是乳胶漆，主要产品有 106、107、803 内墙涂料等，其中 107 因为含有大量的游离甲醛已经被国家明令禁止使用。但市场上还是有一些不法厂商用劣质水溶性漆假冒乳胶漆销售。

乳胶漆价格便宜、施工简便、绿色环保、装饰效果佳，目前被广泛应用于室内的各个空间。乳胶漆可以随意调配出很多种颜色，用于室内可以打造出一个多彩的空间。在居室墙面和天花使用明亮鲜艳的彩色乳胶漆装饰也是目前装修的一种潮流趋势，如图 10-2 所示。

图 10-2　彩色乳胶漆墙面效果

内墙乳胶漆适用于室内空间墙面与天花，外墙乳胶漆适用于建筑外墙体。需要注意的是厨房、浴室等多水的空间使用的乳胶漆应具有防水、防霉的性能，在这些空间也可以考虑直接使用性能更好的外墙用乳胶漆。

10.1.2　乳胶漆的用量计算及选购

1. 乳胶漆用量计算

首先得清楚一桶乳胶漆能够刷多少面积。乳胶漆出售通常都是以桶为单位计算的，市场上常见的有 5L 装和 20L 装两种，其中又以 5L 装的最为常见。按照标准施工程序的要求，底漆的厚度为 30μm，刷一遍即可，5L 底漆的施工面积一般在 70m² 左右；面漆的厚度为 60～70μm，面漆需要刷两遍，所以 5L 面漆的施工面积一般在 35m² 左右。

其次就是涂刷总面积的计算，有两种方法。粗略计算可以用室内地面面积乘以 2.5～3，采用 2.5 还是 3，要看室内的具体情况，如果室内的门、窗户比较多，就取 2.5，少的话就取 3。这种算法只适用于一般情况，比如多面墙采用大面积落地玻璃的别墅空间就不适用。还有一种方法是实量，就是把需要施工的墙面、天花的长度和宽度都实量出来，算出总面积，再扣掉门窗等不需要刷乳胶漆的面积。这种方法很麻烦，但却非常精确。

一个长 6m、宽 4m、高 2.8m 的空间乳胶漆用量计算如下：

墙面面积：(6m+4m)×2.8m×2m=56m²；

顶面面积：6m×4m=24m²；

总面积：56m²+24m²=80m²。

门窗与不需要刷乳胶漆的面积总量为 10m²，则需要刷乳胶漆的面积为 70m²。

面漆：需刷两遍，一桶可刷 35m² 两遍，则面漆共需两桶。

底漆：需刷一遍，一桶可刷 70m² 一遍，则底漆共需一桶。

那么这个空间需要的乳胶漆总量为 5L 装面漆两桶，底漆一桶。

2. 选购要点

（1）可擦洗是乳胶漆需要首要考虑的环节，尤其是白色乳胶漆，在日常生活中很容易留下痕迹。有孩子的家庭更要注意，墙面经常会被小孩涂鸦，所以在选购时需要挑选那些耐擦洗的乳胶漆品种。乳胶漆涂刷到墙面上，用湿布擦拭，正品的颜色光亮如新，而次品由于凝结和耐水性差，轻轻一抹就会褪色。这方面那些品牌乳胶漆做得相对较好，可耐多次擦洗。

（2）高质量的墙面乳胶漆开罐时外观细腻丰满，黏度高，均匀并有一定流动性。用木棍将乳胶漆拌匀，再用木棍挑起来，优质乳胶漆往下流时会形成扇面状。用手指摸，正品乳胶漆应该手感光滑、细腻。

（3）凡质量好的墙面乳胶漆，上面的保护胶水溶液呈清晰的无色或微黄色，且漂浮物极少。

（4）选购时可取少量乳胶漆放入一杯清水中，轻轻搅动后，若杯中水仍清澈可见，乳胶漆的颗粒在清水中相对独立，且颗粒大、分布均匀，则说明该乳胶漆质量较好。

10.1.3　乳胶漆施工图解及注意事项

乳胶漆施工囊括在扇灰工程里，为了保证扇灰表面平整，避免裂缝，扇灰一般应分层操作，通常由底层、中层和面层三部分组成。其中面层主要用来涂装饰涂料，对面层的要求是平整、无裂痕、光滑细腻。

1. 施工图解

第一步：扇底层灰要完全刮，刮底灰要用 2m 长或 1.2m 长铝合金刮尺进行施工，采用十字形或米字形操作施工，如图 10-3 所示。扇中层灰主要是用来找平底层刮灰的粗痕及微小不平，扇面层灰主要是用来掩盖中层的针孔、气泡和粗砂纸痕等，如图 10-4 所示。

图 10-3　铝合金刮尺施工

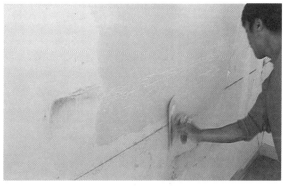

图 10-4　扇中、面层灰

第二步：扇灰层全部干透后进行打磨，将砂纸夹在专业打磨板上，用手压在模板上方，手臂和手腕同时用力均匀打磨，如图 10-5 所示。最后用工作灯照射检查，如图 10-6 所示。

图 10-5　均匀打磨

图 10-6　用工作灯照射检查

第三步：检查平整度，用 2~3m 的靠尺进行测量，如图 10-7 所示。如有不平及时补灰打磨，如图 10-8 所示。然后用灯光反射进行测量，如图 10-9 所示。如有高低不平现象，再进一步打磨，直至表面平整、光滑、细腻，如图 10-10 所示。

图 10-7　靠尺进行测量

图 10-8　及时补灰打磨

图 10-9　用灯光反射进行测量

图 10-10　进一步打磨

第四步：涂刷乳胶漆底漆，可以用羊毛排刷或板刷。用排刷蘸浆时，大拇指放松，排刷毛朝下，蘸浆后排刷要在容器上敲两下，使浆料集中于排刷的端部，然后迅速横提到涂刷面上，如图 10-11 所示。为了刷均匀，不要用移动整个手臂的动作带动排刷，要用手腕的上下左右转动带动排刷，用排刷的正反平面刷墙面，如图 10-12 所示。

图 10-11 排刷蘸浆

图 10-12 涂刷

第五步：底漆干透后，用砂纸打磨，将砂纸对折或三折，如图 10-13 所示。然后包在垫块上，如图 10-14 所示。用手抓住垫块，手心压在垫块上方，手臂和手腕同时均匀用力打磨，不能只用一个手指压着砂纸磨，避免影响打磨的平整度，如图 10-15 所示。

第六步：滚漆面漆，用滚筒蘸取面漆时，只需将滚筒浸入 1/3 处，然后在拖板上滚动几下，使滚筒被面漆均匀浸透，如图 10-16 所示。如果面漆浸透不够，可再蘸一次。在墙面上最初滚漆时，为使厚薄一致，要避免浆料滴落。滚筒要从下向上，再从上向下，呈 M 形滚动，然后沿水平线垂直滚下去，如图 10-17 所示。

图 10-13 将砂纸对折或三折　　　　　　　　　图 10-14 包在垫块上

图 10-15　手臂和手腕同时均匀用力打磨

图 10-16　滚筒蘸取面漆

图 10-17　滚漆施工

2. 施工注意事项

（1）毛坯墙面要完全干透，并且清洁干净。

（2）腻子层一定要干透。

（3）先做一遍底漆，等完全干透后再做两遍面漆。面漆也要等到第一遍干透后才能施工第二遍。

（4）天气潮湿、空气湿度大时最好不要施工；温度低于 5℃也最好不要施工，否则容易出问题。

10.2　硅　藻　泥

硅藻泥是一种以硅藻土为主要原材料的室内装饰墙面材料，具有消除甲醛、净化空气、调节湿度、释放负氧离子、防火阻燃、墙面自洁、保温隔热、杀菌除臭等功能。

10.2.1　硅藻泥的介绍及应用

1. 硅藻泥的介绍

硅藻泥是以硅藻土为主要材料配制的干粉状内墙装饰涂覆材料。硅藻泥本身没有任何污染，纯天然，而且有多种功能，是乳胶漆和壁纸等传统涂料无法比拟的。在用硅藻泥装修施工的过程中不会有味道，天然环保，并且便于修补。由于硅藻泥不含任何重金属，不产生静电，因此浮尘不易附着，墙面永久清新。但美中不足的是，硅藻泥吸水性强、耐脏性差，且不易清理。

硅藻泥选用无机矿物颜料调色，色彩柔和，当人生活在涂覆硅藻泥的居室内时，墙面反射光线自然柔和，人不容易产生视觉疲劳。同时硅藻泥墙面颜色持久，使用高温着色技术，不褪色，墙面长久如新，增加了墙面的寿命，减少墙面装饰次数，节约了居室成本。硅藻泥样图及装修效果如图 10-18 所示。

图 10-18　硅藻泥样图及装修效果

2. 硅藻泥在装修中的应用

硅藻泥是一种天然环保的内墙装饰材料，用来替代墙纸和乳胶漆，适用于别墅、公寓、酒店、家居、医院等内墙装饰。硅藻泥还可以使用在学校和办公楼当中，室内封闭的空气总会让人很不适宜，有了硅藻泥做墙面，可以吸附并消除空气当中的异味和一些对人体有害的气体，环境就可以得到很好的改善。

10.2.2　硅藻泥的选购

硅藻泥作为一种新型的功能性室内装饰壁材，品牌众多，购买时要注意以下几点：

（1）看色泽。真正的硅藻泥色泽柔和、分布均匀，呈现亚光色，具有泥面的效果。而假冒的硅藻泥会呈现油光面，色彩过于艳丽，有刺眼的感觉，长期使用易脱色、花色。

（2）试手感。真的硅藻泥摸起来手感细腻，有松木的感觉，其肌理图案做工精细，流畅大方。而假硅藻泥摸起来粗糙坚硬，像水泥和砂岩，其肌理图案死板僵硬。

（3）看吸水性。由于真正的硅藻泥具有多孔性、"分子筛"结构的特性，可通过向硅藻泥墙面喷水来证明其具有丰富的孔隙。使用大喷壶对墙面同一位置反复喷水 20～30 次，真硅藻泥会迅速将水吸收，每平方米墙面 1min 内可吸水 1kg，而假硅藻泥则不会吸水或吸很少的水。

10.3　多彩、幻彩涂料

多彩涂料、幻彩涂料都是新型高档内墙涂料，其共同的特点是涂刷后具有多种颜色混合在一起的效果，因其独具的绚烂效果在室内也得到了不少的采用。

10.3.1　多彩、幻彩涂料的介绍及应用

多彩涂料的成膜物质是硝基纤维素，以水包油的形式分散在水中，是一种一次喷涂即可获得多色彩立体涂膜的涂料。多彩涂料色彩多变、造型独特新颖、施工简便，涂装后兼有涂料和壁纸的装饰效果。目前主要应用于各类空间的内墙装修，其样图如图 10-19 所示。

幻彩涂料是用经特殊聚合工艺加工而成的合成树脂乳液与专用的有机、无机颜料复合而成的，也称为梦幻涂料或云彩涂料。有添加珠光颜料和不添加珠光颜料两类，添加珠光颜料的涂膜有一种梦幻

般的感觉，涂膜呈现自然界中珍珠、贝壳等所具有的漂亮光泽。幻彩涂料主要是通过创造性、艺术性的施工，获得梦幻般、写意式的装饰效果。因而其对于施工的要求很高，要想得到不同的效果，还必须加入相应的助剂配合。幻彩涂料应用效果如图 10-20 所示。

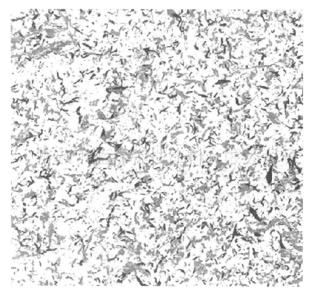

图 10-19 多彩涂料样图   图 10-20 幻彩涂料应用效果

多彩涂料、幻彩涂料都是以色彩丰富、图案变化多样而著称，都具有无毒、耐水、耐碱、耐擦洗的优点。

10.3.2 多彩、幻彩涂料的选购

（1）看水溶。多彩涂料在经过一段时间的储存后，其中的花纹粒子会下沉，上面会有一层保护胶水溶液。这层保护胶水溶液一般占多彩涂料总量的 1/4 左右。凡质量好的多彩涂料，保护胶水溶液均呈无色或微黄色，且较清晰；而质量差的多彩涂料，保护胶水溶液呈混浊态，明显地呈现与花纹彩粒同样的颜色，出现这种情况说明多彩涂料的稳定性差，或者储存时间太长已经过期，不宜再使用。

（2）看漂浮物。质量好的多彩或者幻彩涂料，在保护胶水溶液的表面，通常是没有漂浮物的或者只有极少的彩色粒子漂浮物，用手轻捻，越细腻越好；但若漂浮物数量多，布满保护胶水溶液的表面，甚至有一定厚度，就表明这种多彩涂料的质量差。

（3）看粒子度。取一个透明的玻璃杯，盛入半杯清水，然后取少许涂料，放入玻璃杯中搅动。质量好的涂料，杯中的水仍清晰可见，彩色粒子在清水中相对独立，没黏合在一起，粒子的大小很均匀；而质量差的涂料，杯中的水会立即变得混浊不清，且颗粒大小呈两极分化，少部分的大粒子大如珠子，大部分的则是绒毛状的细小粒子。

（4）涂料及各种有机溶剂里都含有苯。苯是一种无色、具有特殊芳香气味的物质，所以专家们把它称为"芳香杀手"，选购时不要买那种无牌子和有毒物质超标的涂料。闻一闻涂料中是否有刺鼻的气味，有毒的涂料不一定有味，但有刺激性气味的涂料一定有毒。

10.4 其他常见装饰涂料

用于室内墙面、地面及其他空间装饰的涂料除了乳胶漆、多彩涂料、幻彩涂料等以外，还有部分

常用的装饰涂料，比如地面涂料、防水涂料、防霉涂料等，涂装物体表面后能形成涂膜，从而起到保护、装饰、标志及其他特殊作用。

10.4.1　常见装饰涂料的介绍及应用

1. 地面涂料

地面涂料目前更多地是用在一些工厂、医院等公共空间的地面，在家庭装修中并不多见，但也不是完全没有，国内外不少设计师已经开始在家庭室内装修中使用一些地面涂料，以营造出独具一格的地面效果。

地面涂料是建筑涂料中的一个重要品种，地面涂料具有耐油、耐水、耐压、抗老化等性能，并能耐一般酸、碱的腐蚀，同时具有较好的耐磨性，更重要的是其施工简便，更新方便，造价又非常低。地面涂料还有石材和陶瓷所不具备的颜色和质感，能得到一种与众不同的地面效果，如图 10-21 所示。

图 10-21　地面涂料应用效果

2. 防水、防火、防锈、防霉涂料

（1）防水涂料是以合成高分子聚合物、高分子聚合物与沥青、高分子聚合物与水泥为主要成膜物质，加入各种助剂、改性材料、填充材料等加工制成的溶剂型、水乳型或粉末型的涂料。防水涂料涂刷在地下室、卫生间、浴室和厨房等需要进行防水处理的基层表面上，可在常温条件下形成连续、整体、具有一定厚度的涂料防水层。

（2）防火涂料是由难燃性树脂、阻燃剂和防火填料等材料制成的用于基材表面，提高被涂物体耐火极限的一种特种涂料。防火涂料除具有阻燃的作用外，还具有较好的防锈、防水、防腐、耐磨特性。防火材料既具有普通涂料所具有的装饰性，又能在发生火灾时在一定时间内保证基材不燃烧，为人员撤离和灭火提供时间。防火涂料可以分为饰面型防火涂料和钢结构防火涂料两大类。饰面型防火涂料多用于可燃基材表面，如木材、纤维板、塑料等；钢结构防火涂料则用于建筑物的钢结构表面。

（3）防锈漆分为油性防锈漆和树脂防锈漆两种。防锈漆的作用是防止金属生锈和增加涂层的附着力。金属涂刷防锈漆后，能有效隔绝金属与空气接触，而且防锈漆还能使金属表面钝化，阻止其他物质与金属发生化学或电化学反应，从而起到金属的防锈作用。另外由于防锈漆与金属表面反应后生成金属钝化层，这样油漆和金属之间的结合除了化学结合外还具有物理结合力，所以油漆对金属的附着力也特别强。

（4）防霉涂料一般是由两种以上的防霉剂加上颜料、填料、助剂等材料制成的，是一种对各种霉菌、细菌和母菌具有杀灭或抑制生长作用，而对人体无害的特种涂料。防霉涂料同时还具有耐水和耐擦洗的优点。

10.4.2 常见装饰涂料的选购

1. 地面涂料

地面涂料非常经济，即使使用价格较高的环氧树脂类地面涂料，刷两遍每平方米总费用也仅需要30元，而且更换也比较方便。对于一些现代主义风格很强的设计非常适用，也很符合现代年轻人对于个性的追求。

地面涂料选购要点：

（1）看外观：黏稠度高的地面涂料，质量相对较好。

（2）闻味道：涂料开罐后，贴近罐口闻一闻气味，质量好的涂料味道不会很刺激，使用后味道更淡。如果涂料开罐后刺激性较强，最好不要使用。

2. 防水、防火、防锈、防霉涂料

防水涂料是室内装修一定会使用的材料，多用于卫生间、浴室、厨房和生活阳台的地面和墙面，尤其是那些浴室紧邻卧室的空间，更是必须要做足防水，否则隔着浴室墙的衣柜等木质家具就很容易发生霉变。地面防水也很重要，避免因为防水没做或者没做好，导致楼下住户天花滴水而引起不必要的纠纷和麻烦。防水涂料的主要品牌有德高、汇丽等。

防火涂料在家庭装修中的应用也比较多，在公共空间应用更加广泛。如果家庭装修天花采用的是木龙骨加石膏板的做法，建议在木龙骨上涂刷防火涂料。对于安全隐患问题最好提前解决。

防锈涂料在家庭中的应用多是在一些铁艺等金属的阳台栏杆上。相对而言，别墅用到铁艺等金属材料的地方比较多，所以需要涂刷防锈涂料的地方也比较多，尤其要注意那些园林灯，虽然买来时已经刷上了防锈漆，但经过长时间的风吹雨淋，防锈漆肯定会剥落，最好的办法是隔段时间就再上一次防锈漆。

防霉涂料在装修中也是必不可少的，比如铺实木地板需要在地上打木龙骨和做夹板垫层，这时就很有必要进行防霉处理。其实在装修时有个很重要的原则就是越隐蔽的工程越不能省略，因为这些工程根本看不到，出了问题也不知道，等到知道时一般都是问题大了的时候。所以在该做防霉处理时建议还是不要省略。

防水、防火、防锈、防霉涂料选购要点：可以参照其他漆种的选购办法，这里不再细述。

10.5 清   漆

清漆是透明的漆，属于木器漆的一种。家装中的木工制作，油漆多选用清漆，而很少使用其他油漆。清漆通常和饰面板搭配在一起使用。木器漆的主要品牌有华润、长颈鹿、紫荆花、美泰等。

10.5.1 清漆的介绍及应用

1. 清漆的介绍

清漆俗称"凡立水",是以树脂为主要成膜物质再加上溶剂制成的涂料。由于涂料和涂膜都是透明的,因此也称透明涂料。涂在物体表面,干燥后会形成光滑薄膜,显出物面原有的纹理。

清漆主要分油基清漆和树脂清漆两类,具有透明、光泽、成膜快、耐水性等优点,缺点是涂膜硬度不高,耐热性差,在紫外线的作用下易变黄等。清漆书架效果如图 10-22 所示。

图 10-22　清漆书架效果

2. 清漆在装修中的应用

清漆作为家庭装修中现场施工的最主要漆种是有其特有的原因的。20 世纪 90 年代,聚酯漆进入我国后,很快便取代了清漆,成为厂家生产家具用的主要油漆品种。聚酯漆的优点很多,不仅色彩十分丰富,而且漆膜厚度大,喷涂两三遍即可,并能完全把基层的材料覆盖,所以做家具时在密度板上直接刷聚酯漆就可以了,对基层材料的要求并不高。但家装用的清漆却不行,在基层材料用密度板或细木工板上面还要再贴上一层饰面板后才能刷清漆。聚酯漆对于施工环境和施工工艺要求很高,而清漆则不然。以涂刷过程中流坠常产生的漆泪为例,聚酯漆在涂刷过程中形成的漆泪一旦凝固很难再溶解,而清漆的流平性很好,即使出现了漆泪也没关系,再刷一遍,漆泪就可以重新溶解了。

清漆独有的透明属性决定了它一般都用于一些有漂亮纹理的物体表面,如装修中的饰面板造型上,也可以用于家具表面。

10.5.2 清漆的选购

（1）看包装:包装制作粗糙,字迹模糊,厂址、批号不全,多为劣质品或仿冒货。

（2）看漆面:可以看油漆样板的漆面质量,优质油漆的附着力和遮盖力都很强。

（3）掂重量:将油漆桶提起来,晃一晃,如果有稀里哗啦的声音,说明包装严重不足,缺斤少两或黏度过低，正规厂家的产品晃动时则几乎听不到声音。

（4）选品牌：油漆最好是买一些品牌货，因为油漆本身的毒性很强，如果还买了些劣质品，那更是毒上加毒，相对而言，品牌产品在质量和环保环节会有保证。

（5）定用量：购买时还应对用量作一个比较精确的估算：购买时要一次购足，以免先后购买的油漆有轻微的色差。

10.6 调 和 漆

调和漆是最常用的一种油漆，它是一种颜色漆，是在清漆的基础上加入无机颜料制成。

10.6.1 调和漆的介绍及应用

1. 调和漆的介绍

调和漆具有漆膜光亮、平整、细腻、坚硬的特点，外观上类似陶瓷或搪瓷。调和漆还具有色彩丰富、附着力强的优点。根据使用要求，可加入不同剂量的消光剂，制得半光或亚光的效果。调和漆分油性调和漆和磁性调和漆两种。在室内适宜用磁性调和漆，磁性调和漆比油性调和漆在装饰效果上要更佳，漆膜较硬，光亮平滑，但耐候性较油性调和漆差。调和漆效果如图10-23所示。

图 10-23　调和漆书架效果

2. 调和漆在装修中的应用

调和漆是室内装修的最主要漆种之一，适用于涂饰室内外木材、金属、家具及木装修等表面处理。

10.6.2 调和漆的选购

（1）看包装上是否有厂名、厂址、注册商标，是否有质量监督部门的检测报告。各种文件均需齐全，其中最关键是看出厂合格证和质量监督部门的检测报告。

（2）打开漆桶后看油漆表面是否有杂质，油漆本身是否混浊。

（3）搅动看是否有块状物。

（4）气味是否呛鼻刺眼。

（5）看涂刷样板效果有无变色发黄等现象。

10.7　UV　光　油

UV 光油是光油的一种，也有人称之为 UV 清漆，成膜后油光发亮，是光泽度最高的漆种之一。

10.7.1　UV 光油的介绍及应用

UV 光油的作用是喷涂或滚涂在基材表面之后，经过 UV 灯的照射，使其瞬间由液态转化为固态，进而达到表面硬化，加强其耐刮耐划的作用。UV 光油固化后表面看起来光亮、美观、质感圆润。

UV 光油具有优异的附着力；具有高光泽、高滑爽，成膜细腻、手感好等特点，光泽度都在 85 度以上；固化速度快，能够大大节省时间。

10.7.2　UV 光油的选购

（1）看颜色。将 UV 光油置于透明度好的玻璃器皿内观察，颜色越浅质量越好。

（2）UV 光油属不结膜物，像食用油一样，长时间放置表面不会结皮。将少量光油置于玻璃片表面，在蔽光处放置 24h 后观察有无结皮现象。不结皮说明是 UV 光油，否则是假冒伪劣产品。

（3）对皮肤的刺激。用少量上光油置于手背，观察约 20min，看皮肤是否变红或起泡，好的光油皮肤基本没有反应，而一般的光油会出现红斑，不好的光油会使皮肤起泡。

10.8　其他常见油漆材料

除清漆、调和漆、UV 光油外，还有一些常见油漆材料，如硝基漆、聚酯漆、磁漆等在室内均有广泛的应用。

10.8.1　常见油漆材料的介绍及应用

1. 硝基漆

硝基漆俗称蜡克，通常以清漆形式出现，称为硝基清漆。硝基漆是由硝化纤维、天然树脂和溶剂等材料制成的。其漆膜具有良好的光泽和耐久性，同时具有快干、耐热烫等优点。硝基漆适用于木材和金属的表面。硝基漆表面光泽也分为亮光、半亚光和亚光三种，可根据需要选用。硝基漆也有其缺点：高湿天气易泛白、丰满度低，硬度低。

2. 聚酯漆

聚酯漆是以聚酯树脂为主要成膜物制成的一种厚质漆，漆膜丰满，层厚面硬，是目前应用较广泛的一种漆种。高档家具常用的为不饱和聚酯漆，也就是通称的"钢琴漆"。聚酯漆施工过程中需要进行固化，这些固化剂的分量占了油漆总分量的 1/3。这些固化剂也称为硬化剂，其主要成分是 TDI（甲苯二异氰酸酯）。这些处于游离状态的 TDI 会变黄，不但使家具漆面变黄，同样也会使邻近的墙面变黄，这是聚酯漆的一大缺点。目前市面上已经出现了耐黄变聚酯漆，但也只能做到"耐黄"而已，还不能做到完全防止变黄的情况。另外，超出标准的游离 TDI 还会对人体造成伤害。

3. 磁漆

磁漆是在油质树脂中加入无机颜料制成的。漆膜坚硬平滑，可以做成各种色泽，附着力强，耐水性、耐候性高于清漆、低于调和漆，适用于室内金属和木材的表面。

硝基漆、聚酯漆、磁漆均多用于木材和金属的表面装饰。

10.8.2 常见油漆材料的选购

硝基漆、聚酯漆、磁漆选购要点：和清漆基本一样，可具体参看清漆选购部分内容。

第11章 装饰金属制品

金属装饰材料分为黑色金属和有色金属两大类。黑色金属包括铸铁、钢材，其中的钢材主要是作房屋、桥梁等的结构材料，只有不锈钢用做装饰使用。有色金属包括铝及铝合金、铜及铜合金、金、银等，它们广泛地用于建筑装饰装修中。现代金属装饰材料用于建筑物中更是多种多样，丰富多彩。现代常用的装饰金属包括有铝及铝合金、不锈钢、铜及铜合金、铁艺制品等。

11.1 铝合金制品

铝合金具有良好的机械加工性能，可用氩弧焊进行焊接，合金制品经阳极氧化着色处理后，可制成各种装饰颜色。铝合金制品除之前所介绍的铝合金门窗之外，还有铝扣板吊顶、铝格栅等装饰制品。

11.1.1 铝合金制品的介绍及应用

1. 铝扣板

铝扣板是用轻质铝板一次冲压成型，外层再用各种不同的涂装工艺加工制造而成的。因为是一种铝制品，同时在安装时通常都是扣在龙骨上，所以称为铝扣板。铝扣板一般厚0.4~0.8mm，有条形、方形、菱形等形状。按照表面处理工艺主要可以分为喷涂铝扣板、滚涂铝扣板和覆膜铝扣板。覆膜铝扣板质量最好，使用寿命最长；滚涂铝扣板次之，喷涂铝扣板最差。它们之间的区别就在于表面处理工艺不同，喷涂铝扣板和滚涂铝扣板是在铝扣板表面采用特种工艺喷涂或滚涂漆料制成的，而覆膜铝扣板是在铝扣板上再覆上一层膜。相比而言，覆膜铝扣板在外观上花色更多也更美观。铝扣板样图如图11-1所示。

铝扣板是一种的新型吊顶装饰材料，其具有防火、防潮、易擦洗的优点，同时价格便宜、施工简单，再加上本身所独具的金属质感，兼具美观性和实用性，是现在室内吊顶制作的一种主流产品。在会议厅、办公室等公共空间被大量应用，特别是在家居中的厨房、卫生间更是被普遍采用，处于一种统治性的地位。铝扣板应用效果如图11-2所示。

2. 铝格栅

铝格栅是近几年来生产的吊顶材料之一，具有通风、透气，线条明快、整齐，层次分明的特点，很适合体现简约明了的现代风格。此外，其造价便宜，安装、拆卸简单方便，在市场上受到了一定的欢迎。

铝格栅分为凹槽铝格栅和平面铝格栅。常规铝格栅（仰视见光面）标准宽度为10cm或15cm，高度有20、40、60、80mm可供选择。铝格栅材质轻巧、外观简洁、立体感强、造型新颖、防火防潮、装拆方便、通风好；灯具、冷气口、排气口等可装在铝格栅天花内，可局部使用，也可连续使用，如图11-3所示。

图 11-1　铝扣板样图

图 11-2　铝扣板应用效果

图 11-3　铝格栅天花

11.1.2　铝合金制品的选购

（1）铝扣板选购要点：

1）厚度。铝扣板厚度主要有 0.4、0.6、0.8mm 三种，相对而言是越厚越好，越厚其弹性和韧性就越好，变形的几率越小，家用通常应该选用 0.6mm 厚度的铝扣板，可以用拇指按一下板子试试其厚度和弹性。

2）外观。铝扣板表面应光洁，侧面看铝扣板的厚度应一致。铝扣板的外表处理工艺有喷涂板、滚涂和覆膜三种，其中覆膜质量最好，但现在市面上也有一种珠光滚涂铝扣板是模仿覆膜铝扣板外观制作出来的，单看外表很难区分，最好的办法就是用打火机将面板熏黑，再用力擦拭，能擦去的是覆膜板，而滚涂板怎么擦都会留下痕迹。

3）铝材。有些商家会用铁来仿制价格更高的铝扣板，可以使用磁铁来验证，铝扣板是不会吸附磁铁的。

（2）铝格栅选购要点：表面应整洁，不允许有裂纹、起皮、腐蚀和气泡等缺陷存在，但允许有轻微的压坑、碰伤、擦伤存在。

11.1.3　铝合金制品施工图解及注意事项

1. 施工图解

　　铝扣板天花是最为常见的天花品种，多用于公共空间，如会议室等，在家庭装修中则广泛应用于厨卫空间中，已经完全取代了之前的 PVC 吊顶。

　　第一步：按照图纸尺寸定位，弹出水平线，如图 11-4 所示。

图 11-4　定位

　　第二步：四周墙上用玻璃胶粘紧铝角线，如图 11-5 所示。

图 11-5　粘紧铝角线

　　第三步：在楼板上用冲击钻打眼，装吊杆，如图 11-6 所示。

图 11-6　装吊杆

　　第四步：接龙骨，如图 11-7 所示。

图 11-7　接龙骨

第五步：把铝扣板扣上即可，如图 11-8 所示。

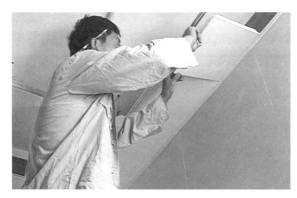

图 11-8　把铝扣板扣上

2. 施工注意事项

（1）安装前应考虑可能要进行切割，切割时尽可能考虑整体美观度和两边对称性。

（2）铝扣板天花安装完成后应进行检查。

11.2　不锈钢饰面

在现代社会，不锈钢以其独具特色的材质效果和耐腐蚀、不易损坏的特点受到了越来越广泛的应用。除了锅碗瓢盆等日用品外，在城市雕塑、建筑乃至室内装修中使用不锈钢饰面的地方也越来越多。

11.2.1　不锈钢饰面的介绍及应用

1. 不锈钢饰面的介绍

大多数人认为不锈钢绝对不会生锈，因而不需要特别的保养，其实这是错误的。不锈钢只是不容易生锈，但不注意保养也是会生锈的，所以在装修中使用了大量不锈钢饰面的地方，适当的保养还是必要的。

不锈钢饰面常见的类型主要有光面板、雾面板和丝面板。光面板表面非常光洁，跟镜面效果有些类似；雾面板是在光面板的基础上做了雾化效果，使得表面不那么光亮，给人一种朦胧的感觉；丝面板是在光面板的基础上做了一些拉丝的效果，非常现代，在室内的应用也是最广泛的，甚至不少的其他材料，如防火板、铝塑板都有模仿拉丝不锈钢的效果。

2. 不锈钢在装修中的应用

不锈钢饰面目前在室内的应用已比较普遍，在不少商场的柱体上都会使用不锈钢饰面包柱，以不锈钢的金属光泽和高反射度营造一种强烈的现代感，同时与周围环境交相辉映，对空间起到了一种强化和烘托的效果。在普通的家居中，不锈钢饰面也有很多的应用，在柜面、门套线和墙面都有使用。不锈钢饰面应用效果如图 11-9 所示。

图 11-9 不锈钢饰面应用效果

11.2.2 不锈钢饰面的选购

室内装修中要求不锈钢饰面板平直，无鼓包、无明显拉伸痕迹；无论表面处理是亮面或拉丝，都要求均匀、有规则、金属质感好。业主在挑选不锈钢饰面时可参照以上说明进行购买。

11.3 铁 艺 制 品

在家庭装修中，铁艺制品因其自身材料和工艺的特殊性，有其他材料所无法替代的装饰效果。铁艺制品厚重古朴、典雅大方，在现代装修中的应用也是越来越广泛了。

11.3.1 铁艺制品的介绍及应用

1. 铁艺制品的介绍

铁艺制品既有金属材料独特的美感，同时还具有耐用、耐腐蚀的优点，集实用性和艺术性于一体。目前市场上的铁艺制品主要分为两大类：一是用锻造工艺，即手工打造的铁艺制品，其外观较为粗糙，易于生锈，但价格便宜；二是用扁铁等型材经弯曲成型，再经烤漆加工而成的铁艺制品，其造型丰富且工艺精细，但价格相对较贵。铁艺门窗效果如图 11-10 所示。

2. 铁艺制品在装修中的应用

铁艺制品在装修的应用非常广泛，可以应用于门窗造型、家具、墙体造型、楼梯等处，尤其是在户外，铁艺制品的耐用性更是使得其大受欢迎。铁艺制品在室内外应用效果如图 11-11、图 11-12 所示。

图 11-10　铁艺门窗效果

图 11-11　铁艺室内家具效果

图 11-12　铁艺户外家具及楼梯效果

11.3.2　铁艺制品的选购

（1）选择铁艺制品时，首先要考虑与整体装修风格是否协调，铁艺制品在局部使用效果更好，若大面积使用很容易使整个空间感觉生硬、粗糙。同时要注意搭配，可以将铁艺和玻璃、布艺等较精致、较细腻的材料搭配，形成一种强对比。比如使用铁艺和玻璃搭配制作造型门就是一种很不错的选择。

（2）在质量上需要查看其表面是否光洁、平整，防锈性能是否良好。尤其是户外用的铁艺制品，防锈性能的好坏是选购时需要重点考虑的。铁艺制品的防锈通常是靠外面刷上的一层防锈漆，如果在使用中磕碰掉了外层的防锈漆，必须马上补刷，否则在潮湿的环境中很容易生锈。当发现铁艺制品表面开始褪色时，也必须马上再刷一层防锈漆。

第12章 装饰管线材料

装饰管线材料主要指的是电线、水路管材、电线套管等材料，它们主要是用在水电工程中。水电工程是装修中最重要的工程，如果出现问题，将造成巨大的麻烦，甚至是安全隐患。对于水电工程而言，管线材料的好坏将起到决定性的作用，因而在管线材料的购买质量上必须有绝对的保证。

12.1 电线、电线套管

对于电线的选用要非常重视，若选用得不好，一旦出现了问题，那就相当于引出了一只"电老虎"。现在大多数空间电线线路都是采用暗装，电线被装在电线套管中，埋入了墙壁和地面，在这样的情况下电线一旦出了问题，维修起来的麻烦程度可想而知。所以水电材料是最不能省钱的一种材料，在这上面省钱就可能会带来惨痛的教训。

12.1.1 电线、电线套管的介绍及应用

电线的主要原料是铜和塑料，内部为铜芯，外面包着一层塑料绝缘保护层。室内电线根据其铜芯的截面可以分为 1.5、2.5、4mm² 等几种。一般而言照明线用的是 1.5mm² 的、插座线用 2.5mm² 的、空调线用 4mm² 的。但在实际中，不少室内工程会将照明线也用 2.5mm² 的。从材质上可分为铝芯线和铜芯线，由于铝芯线承载电流能力弱，电阻过大，能耗较高，已处在淘汰的边缘。从线芯上铜芯线又可以分为单股线和多股线，单股线硬不太好穿管，但不容易断丝，多股线软，方便穿线，但容易断丝。

电线通常都是按卷来计算，国家标准要求一卷电线长度为 100m ± 0.5m，如图 12-1 所示。

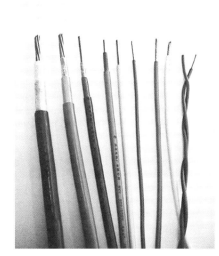

图 12-1 电线样图

电线套管就是保护电线的一种管套，原料为 PVC 材料。现在的 PVC 电线套管多为 6 分和 4 分两

种。电线套管对于电线的保护作用是不可替代的，在有些施工中连电线套管都被省略了，用电工胶布把电线一缠，甚至直接就把电线埋入墙面和地面的开槽处，这样的施工具有很大的安全隐患。电线套管正确的应用实例如图 12-2 所示。

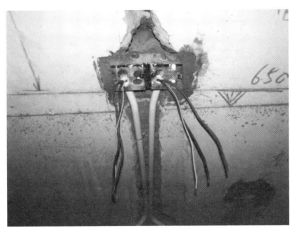

图 12-2　电线套管应用实例

现在的电器产品耗电量越来越大，比如有一种即热式的热水器，其功率可以达到 3000W，甚至还要大得多，这对于电线是个极大的考验。像这种用电量较大的电器除了必须使用截面积为 4mm² 以上电线外，还应该设为单独线路，专线专用。另外还必须考虑到电线之间相互干扰的问题。尤其是强弱电之间，强电指的是我们日常所见的各类电器所接的电线线路，弱电指的是电话、电视、网络等电线线路。强电对于弱电是有比较大的干扰的，在安装时需要注意强弱电线之间要相距 50cm 以上以避免干扰。

12.1.2　电线、电线套管的选购

（1）首先看成卷的电线包装牌上有无中国电工产品认证委员会的"长城标志"和生产许可证号。电线标志印字要清晰，手摸无油腻感，取一根电线头反复弯曲，应手感柔软、弹性大且绝缘体上无裂痕。

（2）观察其内部铜芯，优质紫铜色泽光亮柔和，黄中偏红；颜色偏暗发黑，黄中发白的是劣质产品。

（3）外层的塑料绝缘保护层要求色泽纯正鲜亮、质地细密，厚度为 0.7～0.8mm，用手无法撕裂，用打火机点燃无明火。

（4）电线套管的质量也要有保证，放在地上用脚踩，最起码不能轻易踩坏。此外埋入墙内的暗盒也要选质量好的，选用如图 12-2 所示的金属暗盒就是一种不错的选择。

12.1.3　电线、电线套管施工图解及注意事项

1. 布管施工工艺图解及注意事项

布管施工采用的线管有两种，一种是 PVC 线管，另一种是钢管。家庭装修基本采用 PVC 线管，在一些对于消防要求比较高的公共空间中，则会采用钢管作为电线套管。

第一步：将 PVC 线管排列整齐，如图 12-3 所示。线管每间隔 600mm 用一个管卡固定，如图 12-4 所示。

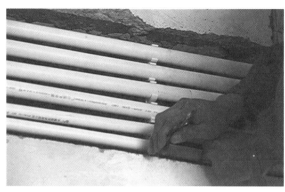

图 12-3　将 PVC 线管排列整齐

图 12-4　线管每间隔 600mm 用一个管卡固定

第二步：如果横向排列多根管子，要间距 20mm 以上，如图 12-5 所示。布管时线管不能与燃气管并走，应该至少留有 200mm 间距。

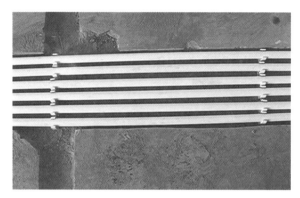

图 12-5　多根管子横向间距 20mm 以上

第三步：PVC 线管与底盒连接要用锁头，如图 12-6 所示。忌将线管直接插入底盒，这样会造成线管和底盒连接不牢固。

图 12-6　锁头连接线管与底盒

第四步：PVC 管与蛇皮管连接处一定要用胶布缠好作为保护，如图 12-7 所示。在实际的施工中，常常会碰到不能切槽的地方，比如不做天花的顶棚，这种情况就必须采用黄蜡管包住电线。

第五步：所有线管与接头都必须采用合格的材料，管线必须用胶水涂抹之后才能与接头连接，如图 12-8 所示。

图 12-7　PVC 管与蛇皮管连接处用胶布缠好

图 12-8　胶水粘接管线与接头

2. 布线施工工艺图解及注意事项

电有强弱电之分，室内布线必须将强弱电分开。此外，在施工时还需要将电线根据业主的需要设置回路。

第一步：注意将强电线和弱电线分开走线，以避免强电线对于弱电线信号产生干扰。所谓强电线就是指普通的电线，而弱电线则是指电视线、电话线、网络线等电流较微弱的电线。施工时强电、弱电线间距至少为 150mm，且不能同管同底盒。国家规定为 500mm，但是在实际的施工中很难做到。

第二步：强电线要分好颜色，红色电线是相线，即通常所说的火线；蓝色电线是零线；黄绿双色电线是地线和双控线；绿色是控制线（开关回到灯的控制火线）。如图 12-9 所示，从左到右分别是地线、零线和相线。

第三步：设置专门的回路，专线专用。这个需要根据业主的需要和配置的电器而定，如空调、直热式电热水器、厨房等功耗较大的电器和空间最好设置专门回路，专线专用，如图 12-10 所示。

图 12-9　电线分色　　　　　　　　　　　　　图 12-10　专线专用

第四步：将电线穿入 PVC 线管内，如图 12-11 所示。注意布线时不能借用老线，不借回路线。

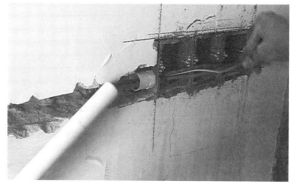

图 12-11　套线

第五步：布线时要注意线径，大致为管内线径不能超过管径的 40%，如图 12-12 所示。这样有两个好处：一是维修时抽出损坏的线较为方便；二是管内线径较小，便于散热。

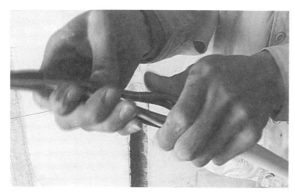

图 12-12　所有线径相加不能超过管径的 40%

第六步：接线完毕后注意做好线头线尾的标识，如图 12-13 所示。

第七步：注意接线方式为火线进开关，零线、地线、控制线进灯头。严禁电线不穿管直接埋入墙内开槽处，如图 12-14 所示。

图 12-13　捆扎好并标识

图 12-14　严禁裸埋电线

第八步：施工完毕，必须检测达标，同时做好面板的保护工作，如图 12-15 所示。

图 12-15　检测达标并做好保护

12.2　PPR 管

PPR 管是欧洲 20 世纪 90 年代初开发应用的新型塑料管道产品,目前已经发展成了室内水管的最常用品种。

12.2.1　PPR 管的介绍及应用

PPR 管全名为无规共聚聚丙烯管,具有价格便宜、施工方便的优点,是目前家装工程中采用最多的一种供水管道。PPR 管的最大优点是其接口可以使用热熔器进行热熔处理,管子之间完全融合到了一起,所以一旦安装打压测试通过,绝不会再漏水,可靠度极高。使用热熔器热熔处理如图 12-16 所示。

PPR 管也有自身的缺陷:其耐高温性、耐压性稍差,长期工作温度不能超过 70℃;同时 PPR 管长度有限,且不能弯曲施工,如果管道铺设距离长或者转角处较多,在施工中就要用到大量接头。

但是从综合性能上来讲,PPR 管是目前最好的水路改造管材,所以目前成为家装水路改造的首选材料。此外,PPR 管卫生、无毒,可以直接用于纯净水、饮水管道系统。

PPR 管的管径可以从 16mm 到 160mm,家装中用到的主要是 20、25mm 两种,分别俗称 4 分管、6 分管,其中 4 分管用得更多些。除此之外,PPR 管还可以分为冷水和热水管两种,区分时很简单,在管身上有红线的就是热水管,有蓝线的就是冷水管,另外从管壁厚度看热水管厚于冷水管。热水管和冷水管的区别就在于热水管的耐热性更好,如图 12-17 所示。

图 12-16　热熔处理　　　　　　　　　　　　　图 12-17　冷热 PPR 管

12.2.2 PPR 管的选购

（1）管材外观应光滑、平整、无起泡，色泽均匀、一致，无杂质，壁厚均匀。

（2）管材有足够的刚性，用手挤压管材，不易产生变形。

（3）PPR 管的主要材料是聚丙烯，好的管材没有气味，差的则有怪味，很可能是掺和了聚乙烯，而非纯正的聚丙烯。目前市场上较普遍存在着管件、热水管用较好的原料，而冷水管却用 PPB（PPB 为嵌段共聚丙烯）冒充 PPR 的情况，其焊接处极易出现断裂、脱焊、漏滴等情况，埋下各种隐患。

（4）选购时应注意管材上的标识，产品名称应为"冷热水用无规共聚聚丙烯管材"或"冷热水用 PP-R 管材"，并标明了该产品执行的国家标准。

PPR 管还有很多的相关配件产品，它们都是搭配管材一起使用的，配件的种类繁多，有三通、管套、弯头、直接等，如图 12-18 所示。

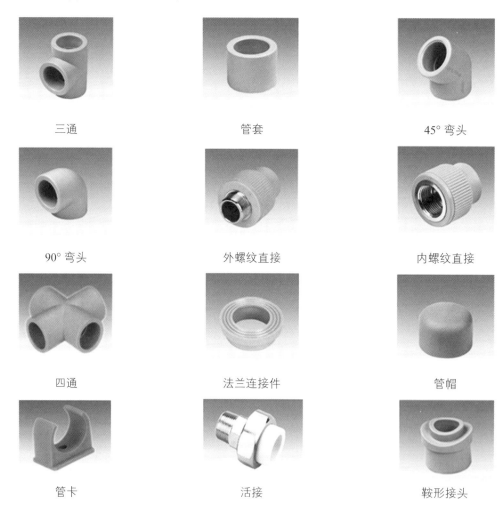

三通	管套	45° 弯头
90° 弯头	外螺纹直接	内螺纹直接
四通	法兰连接件	管帽
管卡	活接	鞍形接头

图 12-18 各类配件样图

12.2.3 PPR 管施工图解及注意事项

PPR 管的安装相对简单，在确定好位置并开好槽后，只需使用专门的管材配件将各个管材连接在一起即可。虽然管材的安装较为简单，但是在安装时需要注意的事项还是相当多的，不按照标准的要求安装，出现问题的概率将大大增加。

第一步：水管安装。其注意事项如下：

（1）注意冷热水管的排列，应该是面向水管的方向左热右冷，如图 12-19 所示。

（2）布管时应将管口用管塞封好，如图 12-20 所示。

图 12-19　冷热水管的排列

图 12-20　管口用管塞封好

（3）每间隔 600mm 用一个钩做固定，如图 12-21 所示。

图 12-21　每间隔 600mm 用一个钩做固定

（4）PPR 管布管时连接应用热熔器，注意热度为 260℃为宜，如图 12-22 所示。可以使用热熔器将 PPR 管和接口熔接在一起也是 PPR 管的一个优点。此外每间隔 600mm 用一个管卡固定，如图 12-23 所示。

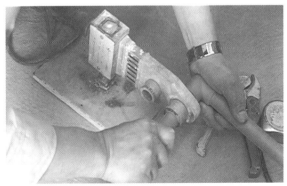

图 12-22　用热熔器连接

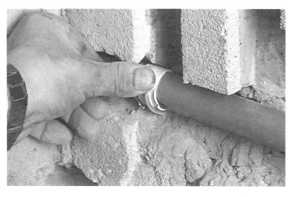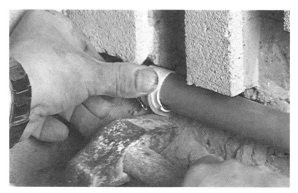

图 12-23　每间隔 600mm 用一个管卡固定

（5）管与管交叉处用过桥，如图 12-24 所示。

（6）立面布管时要注意花洒、水龙头的高度，如图 12-25 所示。

第二步：在封槽之前必须对水管进行测试，合格后才可以用水泥砂浆封好水管，如图 12-26 所示。封槽后不应有空鼓。

图 12-24　交叉处用过桥

图 12-25　注意花洒、水龙头的高度

图 12-26　水泥砂浆封好水管

12.3　铝塑复合管

　　铝塑复合管是一种新型的水管用材，相比于 PPR 管而言，铝塑复合管具有更好的耐热性能，在市场上也是很受欢迎的一种管材。

12.3.1　铝塑复合管的介绍及应用

铝塑复合管是一种由中间纵焊铝管、内外层聚乙烯塑料以及层与层之间的热熔胶共挤复合而成的新型管道,如图 12-27 所示。

铝塑复合管拥有金属管坚固耐压和塑料管抗酸碱、耐腐蚀的两大优点,是新一代管材的典范。它还有足够的强度,可将其作为供水管道,但若其横向受力太大,则会影响其强度,所以更加适合在施工时将其埋入墙体内,而不是埋入地下。铝塑复合管具有优异的耐高低温性,可随意弯曲,在施工过程中埋入墙内的部分没有接头,避免了接头容易漏水的问题。其材料本身具有耐腐蚀、无污染、质轻、保温、隔热等优点,适应于各类环境,所以在室内装修中也是有一定运用的。但是铝塑复合管也存在一些弊端,如靠铜接头连接,铜接头与管子是靠螺栓拧紧进行机械固定的,此处接头部分埋入墙内时间长了可能会漏水,而且铝塑复合管使用年限有限,管壁薄,容易老化,在日后的改造中很容易被凿穿。所以现在用的也相对较少。

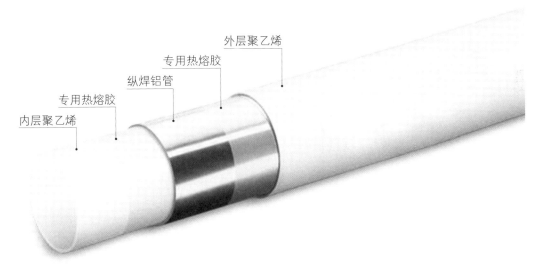

图 12-27　铝塑复合管

12.3.2　铝塑复合管的选购

（1）看管材。真正的铝塑复合管为五层结构,如图 12-27 所示。在聚乙烯和铝材之间有一层热熔胶层,使得聚乙烯和铝材两层之间紧密黏结,无热熔胶的产品则很容易剥离。品质优良的铝塑复合管一般外壁光滑,管壁上的商标、规格、适用温度、米数等标识很清楚。

（2）管材有足够的刚性,用手挤压管材,不易产生变形。

12.4　UPVC 排 水 管

UPVC 管材在排水项目中是一种高效又环保的材料,且造价便宜,施工方便,在市场上的应用非常广泛,是排水管材的主流产品。

12.4.1　UPVC 排水管的介绍及应用

UPVC 排水管是一种以聚氯乙烯（PVC）树脂为原料,由 PVC 加热成熔融状态（150～200℃）

后制成的塑料管材。UPVC 管材属热塑性塑料制品，含 56% 左右的阻燃元素氯，属难燃材料，其抗腐蚀、抗老化、耐磨性能使其能够长久使用，从而降低了更换维修的频率，有利于建筑物的长期使用，也增加了使用的安全性和可靠性。

但 UPVC 排水管的承压能力较低，普通管壁的 UPVC 排水管的承压能力不足 0.4MPa，与之相配套的伸缩节的承压能力更低，所以 UPVC 排水管不宜用在高层排水的横干管上，也不能用在高层建筑的雨水排水管道上，一旦横干管堵塞，则可能损失严重。UPVC 排水管样图如图 12-28 所示。

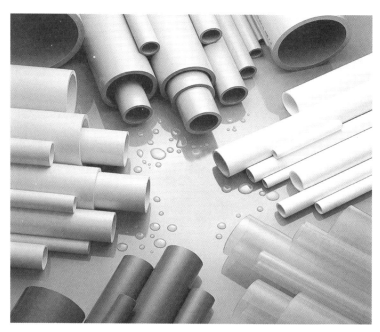

图 12-28　UPVC 排水管

12.4.2　UPVC 排水管的选购

（1）针对目前最常见的白色 UPVC 排水管，质量好的颜色为乳白色且色彩均匀，内外壁均比较光滑，有一些韧性，而质量比较差的 UPVC 排水管颜色就有些发黄，且较硬。还有些劣质产品则是颜色不均，有的外壁特别光滑，而内壁显得粗糙，有时有针刺或小孔。

（2）UPVC 排水管的韧性是非常关键的指标。韧性大的管在锯成窄条后，试着折 180°，如果一折就断，说明韧性很差，脆性大，属于劣质品；如果很难折断，说明有韧性，而且在折时越需要费力才能折断的管材，强度越好，韧性一般都不错。也可以观察断茬（锯的茬口除外），茬口越细腻，说明管材均化性、强度和韧性越好。

12.4.3　UPVC 排水管施工图解及注意事项

UPVC 水管分为给水管和排水管两种，如图 12-29 中较粗的管子即为排水管，而墙面上较细的管材即为给水管。排水管的安装工艺和给水管的安装基本一样，相对而言也是非常简单的，但是两种不同管材的安装要点是不一样的，要注意区分开来。

排水管安装注意要点如下：

（1）排水管要有坡度，要根据洁具的要求预埋，如图 12-30 所示。

图 12-29 排水管和给水管

图 12-30 排水管坡度

（2）排水管道中所有的洁具排水管道都要有存水弯，如图 12-31 所示。

（3）排污管至少要用管径为 110mm 的，如图 12-32 所示。

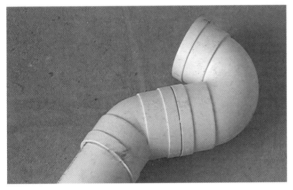

图 12-31 洁具排水管道存水弯

图 12-32 排污管最小管径

（4）杜绝排水管和排污管合二为一，混合安装，如图 12-33 所示。

（5）所有的弯头、直通、三通的接头处理要严密，如图 12-34 所示。

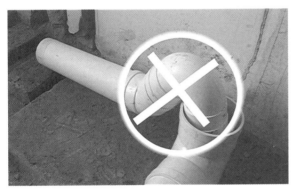

图 12-33 排水管和排污管混合安装

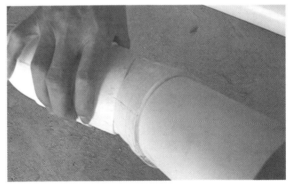

图 12-34 接头处理

12.5 其他常见管材概述

室内水管材料除了 PPR 管、铝塑复合管和 UPVC 管等之外，还有很多品种，由于管材更新换代的速度比较快，其中不少材料已经接近淘汰的边缘，以下列举常见的水管材料。

12.5.1 其他常见管材的介绍及应用

1. 铜管

铜水管是一种比较传统但价格比较昂贵的管道材质,具有其他水管所不具有的优良性能,比如卫生健康的特性。铜能抑制细菌的生长,99%的细菌在进入铜水管的5个小时后会消失,确保了饮用水的清洁卫生。同时铜水管施工方便、经久耐用、安全性能强、终身无需维修。在很多进口卫浴产品中,铜管都是首选。但是其昂贵的价格是影响其广泛使用的最主要原因,另外铜材料本身会产生铜蚀也是其一大缺陷。铜水管在国外的应用较广泛,在国内一些高档社区也有采用。目前生产的铜管多采用塑包铜的方式,如图12-35所示。

2. 镀锌铁管

镀锌铁管价格实惠,早在十几年前国内几乎家家都是使用镀锌铁管。镀锌铁管的最大问题就是容易生锈,隔一段较长时间不用,再打开水龙头,流出来的往往是些带有很多铁锈的黄水。由于镀锌铁管容易锈蚀造成水中重金属含量过高,影响人体健康,许多国家已开始明令禁止使用镀锌铁管。现在市场上出现了一种新型镀锌管,其内部是镀塑的,这样就可以避免生锈的问题。镀锌铁管样图如图12-36所示。

图 12-35 铜塑复合管

图 12-36 镀锌铁管

12.5.2 管道安装注意事项

在装修中,水电安装无疑是最为重要的。若水管爆裂或者渗漏,就会造成巨大损失。而且现在的水电工程往往都是采用暗装的方式,出了问题后也不便于维修。所以在水电施工上要防患于未然,确保在质量上万无一失。

(1)水电施工一定要找专业技工,必须具有专业的水电施工资格证书。

(2)水管安装后一定要进行增压测试。增压测试一般是在1.5倍水压的情况下进行,在测试中应没有漏水现象。增压测试需要有专门的增压设备,如果没有这些设备也可以采用以下办法测试:

1)关闭水管总阀(即水表前面的水管开关)。

2)打开房间里面的水龙头20min,确保没水再滴后关闭所有的水龙头。

3)关闭马桶水箱和洗衣机等具备蓄水功能的设备进水开关。

4）打开水管总阀。

5）打开总阀 20min 后查看水表是否走动，包括缓慢的走动。如果有走动，即为漏水了；如果没有走动，则说明无渗漏现象。

（3）在日常使用中，如果发现墙漆表面发霉或者木地板发黑及表面出现细小的气泡，则应尽快检查有关管道是否出现渗漏。

第13章 胶 凝 材 料

胶凝材料又称胶结材料，在装饰工程中应用广泛。常用的胶凝材料多数是无机矿物质粉状物，按其凝结硬化的条件不同分为气硬性胶凝材料和水硬性胶凝材料两大类。常用的气硬性胶凝材料主要有石膏、石灰、水玻璃等，水硬性胶凝材料则数水泥最为常用。

13.1 水 泥

水泥是一种重要的建筑装饰材料，用水泥制成的砂浆或混凝土坚固耐久，广泛应用于土木建筑和装饰工程。水泥为粉状水硬性无机胶凝材料，加水搅拌后成浆体，能在空气中或水中硬化，并能把砂、石等材料牢固地胶结在一起。

13.1.1 水泥的介绍及应用

1. 水泥的介绍

水泥是以石灰石和黏土为主要原料，经破碎、配料、磨细制成生料，加入水泥窑中煅烧成熟料，加入适量石膏（有时还掺加混合材料或外加剂）磨细而成。

水泥具有施工简单、造型方便、容易维修、价格便宜的特点。目前市面上的品种很多，室内装饰用的大致上可以分为三类：

（1）普通硅酸盐水泥。在室内装饰中普通硅酸盐水泥是最常用的品种，装修中用的水泥一般都是普通硅酸盐水泥，普通袋装的质量通常为 50kg。

（2）白色硅酸盐水泥。俗称白水泥，常被用于室内地砖铺设后的勾缝施工。现在市场上有了专门的勾缝剂，相对于白水泥而言具有持久、防水、耐脏等特点，是白水泥的替代品。

（3）彩色硅酸盐水泥。彩色水泥多为装饰用水泥，因在水泥中加入了各类金属氧化剂，使得水泥呈现出了各种色彩，多用于各类装饰性地面、墙面和一些人造地面，例如水磨石地面等。

2. 水泥在装修中的应用

在家庭装修中，地砖、墙砖粘贴以及砌筑等施工都要用到水泥，它不仅可以增强面材与基层的吸附能力，而且还能保护内部结构，同时可以作为建筑毛面的找平层，所以在装修工程中，水泥是必不可少的材料。以水泥为主要材料配置的水泥砂浆不仅可以用在一些基础工程中，还可以直接用做饰面，被称为清水墙，效果如图 13-1 所示。

图 13-1　水泥装修效果

水泥砂浆的主要原料就是水泥和沙。很多人认为水泥占整个砂浆的比例越大，其黏结性就越强，其实不然，以粘贴瓷砖为例，如果水泥标号或者所占比重过大，当水泥砂浆凝结时，水泥大量吸收水分，这时面层的瓷砖水分被过分吸收就容易拉裂，缩短使用寿命。水泥砂浆一般应按水泥∶砂 = 1∶2（体积比）或 1∶3 的比例来配制。

沙也称砂，是水泥砂浆合成的必需材料。从规格上沙可分为细沙、中沙和粗沙。沙子粒径 0.25 ~ 0.35mm 为细沙，粒径 0.35 ~ 0.5mm 为中沙，大于 0.5mm 的称为粗沙。一般装修中推荐使用中沙。从来源上沙可分为海沙、河沙和山沙。海沙盐分高，山沙多含有机杂质，所以一般装饰工程中都使用河沙。

13.1.2 水泥的选购

（1）看包装。看是否采用了防潮性能好、不易破损的覆膜包装袋。

（2）水泥是实行许可证管理的产品，GB 175—2007《通用硅酸盐水泥》要求生产企业必须在包装袋上清楚标明执行标准、水泥品种及代号、强度等级、生产者名称、生产许可证标志（QS）及编号、出厂编号、包装日期、净含量等，消费者可依据包装袋上的生产许可证编号上网查询，谨防使用假冒或无证水泥。

（3）看保质期。一般而言，超过出厂日期 30d 的水泥强度将有所下降。能正常使用的水泥应无受潮结块现象，优质水泥用手指捻水泥粉末，能感觉到颗粒细腻。包装劣质的水泥，开口检查会有受潮和结块现象；劣质水泥用手指捻水泥粉末有粗糙感，说明该水泥细度较粗、不正常，使用时强度低、黏性很差。

13.1.3 水泥施工图解及注意事项

水泥的具体施工工艺可参照第 3 章装饰陶瓷地砖铺贴的施工流程。

13.2 瓷 砖 胶

瓷砖胶是一种新型胶凝材料，用于替代传统水泥砂浆，其黏结力是水泥砂浆的数倍，而且铺贴过程不容易出现水泥砂浆铺贴常见的空鼓及流淌问题，能有效粘贴大型的瓷砖、石材，避免掉砖的风险。

13.2.1 瓷砖胶的介绍及应用

瓷砖胶又称陶瓷砖黏合剂，主要用于粘贴瓷砖、面砖、地砖等装饰材料，广泛适用于内外墙面、地面、浴室、厨房等建筑的饰面装饰场所。市场上有粉料状和胶浆状两种不同的类型，其主要特点是黏结强度高，耐水、耐冻融、耐老化性能好及施工方便，是一种非常理想的黏结材料。

瓷砖胶有许多优点，比如使用瓷砖胶可以比使用水泥多节约空间，瓷砖胶只要薄薄的一层即可。如果施工工艺达标，不仅瓷砖粘得非常牢固，还能减少废料、无有毒的添加物、符合环境要求等。施工时按粉料∶水 = 1∶（0.25 ~ 0.3）配比（具体可以参考包装袋上的配比），搅拌均匀即可施工；在操作允许时间内，可对瓷砖位置进行调整，黏结剂完全干固后（大约 24h 后）可进行填缝工作；施工 24h 内，应避免重负荷压于瓷砖表面。瓷砖胶样图如图 13-2 所示。

图 13-2　瓷砖胶样图

13.2.2　瓷砖胶的选购

（1）选择适合瓷砖尺寸的瓷砖胶。瓷砖胶有所谓强力型与普通型之分。通常情况下，对用于墙面的瓷砖胶粘力要求会高很多，多用强力型，而地面则可以采用普通型铺贴。

（2）所要铺设的地方，决定瓷砖黏合剂的性能。现在瓷砖胶的功能品种是比较多的，例如瓷砖胶的防水性、抗碱性能、抗滑移性能等，特别是要用在水池中的瓷砖胶。

13.2.3　瓷砖胶施工注意事项

瓷砖胶施工前应将施工墙面湿润（外湿里干），同时要求墙面基层平整，如有不平整则需要用水泥砂浆找平。此外基层必须清除浮灰、油污等污垢，以免影响黏结度。因材料不同而实际耗用量不同，一般每平方米用量为 4~7kg，粘贴厚度为 2~3mm，使用时水灰比约为 1∶4，搅拌均匀后的黏结剂应在 5~6h 内用完（温度在 20℃左右时），使用时将混合后的黏合剂涂抹在粘贴砖材的背面，用齿形梳梳理成锯齿状，如图 13-2 所示。铺贴好后，用橡皮锤轻轻敲实，直到平实为止。

13.3　勾　缝　剂

早期施工瓷砖勾缝基本上都是采用白水泥，但随着专用勾缝剂的出现，白水泥的地位渐渐被性能更好的勾缝剂所取代，不少高档瓷砖甚至本身就配有专用的勾缝剂。

13.3.1　勾缝剂的介绍及应用

勾缝剂也叫填缝剂，主要用于嵌填墙地砖的缝隙。勾缝剂分为无沙勾缝剂和有沙勾缝剂两种。一般来说，无沙勾缝剂适用于宽 1~10mm 的瓷砖缝，而有沙勾缝剂适用的缝宽可以更宽。它具有防裂、抗水及良好的耐久性能，同时可有效阻止水泥砂浆中游离钙的析出，使装饰砖材的美观效果更为显著，并且可以起到防水的作用，水泥不防水，白水泥勾缝在水长期浸泡时水会往下渗，填缝剂勾缝则不会。在施工时，可以根据砖缝宽度来决定选择那种勾缝剂。勾缝剂颜色有多种，但大多以白色、灰色、褐色等为主，选购时可以根据瓷砖的颜色选择相近颜色的勾缝剂，形成整体统一的效果。勾缝剂应用如图 13-3 所示。

图 13-3　勾缝剂的应用效果

155

13.3.2　勾缝剂的选购

（1）选类型。市面上的勾缝剂有桶装和支装的，通常桶装的都比支装的便宜很多，而且桶装的量也比支装的量大很多。桶装的勾缝剂通常是被用于粗糙装修，如车间、广场等对装修效果不严格的公共场所，而支装的勾缝剂适合于家庭装修中使用，效果比桶装的要好。

（2）明确根据用途选。勾缝剂分为两大类四小类。有公装的粗糙型和家装的精致型，同时又有无沙和有沙型。有沙型的勾缝剂黏结力更强，所以适用于面积较大的瓷砖。了解这些之后再根据需求选购勾缝剂，先计算瓷砖面积和勾缝剂的用量，然后选购适量的勾缝剂。

（3）计算用量，选对分量。让工人计算出合理的用量（无沙和有沙），不能造成浪费。但通常情况下应该比总量多买一点，因为施工中总是会出现工人施工错误而造成材料浪费的情况。

13.3.3　勾缝剂施工注意事项

使用勾缝剂需要注意以下问题：

（1）不能在瓷砖贴完后马上使用勾缝剂进行勾缝处理，因为砖贴完还有很多施工环节，粉尘很大，过早勾缝易脏，一般可以在整体施工基本完成后再进行勾缝处理。

（2）勾缝时要将粘在瓷砖上的部分及时擦去，否则勾缝剂干了后会牢牢地粘到瓷砖上，很难擦掉。如果勾缝剂擦晚了，粘牢在瓷砖上，则必须购买专门的瓷砖清洁剂或者草酸才能彻底擦除。

13.4　云　石　胶

云石胶又叫快干达，是一种辅之以快干剂配套使用的新型石材黏结胶。在装饰装修中取得了良好的效果。

13.4.1　云石胶的介绍及应用

云石胶分为环氧树脂和不饱和树脂两种原料制作，部分不饱和树脂制作的云石胶可以在潮湿的环境中固化，效果也很好。云石胶目前已经得到了广大石材用户和建筑行业等方面的认可，适用于各类石材间的粘接或修补石材表面的裂缝和断痕，常用于各类型铺石工程及各类石材的修补、粘接定位和填缝。

云石胶性能的优良主要体现在硬度、韧性、快速固化、抛光性、耐候、耐腐蚀等方面。一般的云石胶由于其耐水性及耐久性不太好，并且固化时产生收缩，因此建筑施工规范规定，云石胶一般不作为结构胶使用，而只常用于快速定位或石材修补。应特别注意的是，云石胶绝不可用于大面积的粘贴。

云石胶在装修应用上由于不饱和聚酯与固化剂比例容易失调，导致剪力不够、应力大，在温差和震动条件的作用下产生的位移比较大，容易开裂，因此石材干挂施工时常用 AB 干挂胶和云石胶同时固定的方法。

13.4.2　云石胶的选购

云石胶主要是由固化剂和不饱和树脂的本身材质组成，业主在购买云石胶时可以对产品进行材质鉴定；购买正规品牌的产品，包装上出厂日期、规格型号、用途、使用说明、注意事项等内容必须清晰、齐全。

13.5　玻　璃　胶

玻璃胶专用于玻璃的粘接、固定，也常用于板材、瓷砖等粘贴。

13.5.1　玻璃胶的介绍及应用

玻璃胶是将各种玻璃与其他基材进行粘接和密封的材料。玻璃胶主要分硅酮胶和聚氨酯胶两大类。家装用玻璃胶多为硅酮材料，包括中性玻璃胶、酸性玻璃胶和水性玻璃胶三种类型，装修中常用的是前两种。中性玻璃胶黏结力比较弱，但气味不明显，一般用在卫生间镜子背面这些不需要很强黏结力的地方；黏结力很强的酸性玻璃胶一般用在木线背面的哑口处，但酸性胶有刺鼻的气味，所以在施工中可根据安装的物件选择适合的玻璃胶。

玻璃胶通常需要 6h 左右的凝固时间，具有弹性强、阻燃、防水等特点。玻璃胶的使用如图 13-4 所示。

图 13-4　玻璃胶的使用

13.5.2　玻璃胶的选购

玻璃胶虽然很不起眼，却是家装过程中使用频率最高的一种辅料，购买时应注意以下几点：

（1）按用途选购。市场上玻璃胶的品种很多，有酸性玻璃胶、中性耐候胶、硅酸中性结构胶、硅酮石材胶、中性防霉胶、中空玻璃胶、铝塑板专用胶、水族箱专用胶、大玻璃专用胶、浴室防霉专用胶、酸性结构胶等。如果用错玻璃胶，会导致胶条断裂、发霉，甚至窗户漏水、台面漏水等麻烦，因此消费者应该按照具体的用途选购玻璃胶。

（2）选择品牌玻璃胶。大多数用户还是把便宜的产品放在首位，但使用低价胶不仅影响工程质量、使用寿命，更重要的是极易造成返工、耽误工期，甚至出现责任事故。

（3）看包装。一看出厂日期、用途、使用说明、注意事项等内容表述是否清楚完整；二看净含量是否准确，厂家必须在包装瓶上标明规格型号和净含量（单位为 g 或 mL）。

（4）验胶质。一闻气味；二比光泽；三查颗粒；四看气泡；五检验固化效果；六试拉力和黏度。

13.6 白 乳 胶

在装修中，白乳胶是最常用的胶类产品之一。作为一种水溶性胶黏剂，正规的白乳胶是以醋酸乙烯酯为主要原料，经过一系列化学工艺生产出来的乳状液体。

13.6.1 白乳胶的介绍及应用

白乳胶是由醋酸乙烯与乙烯经聚合而成，其外观为乳白色稠厚液体，是一种水性黏合剂，一般无毒无味、无腐蚀、无污染。

白乳胶具有可常温固化、粘接强度较高，粘接层具有较好的韧性和耐久性且不易老化、能溶解于水、价格便宜的特点。多用于木龙骨、木制基层以及饰面板的粘贴，还可以用于墙面壁纸粘贴。用于墙面腻子则可以增强腻子的黏度。但是白乳胶的凝固时间较长，通常需要12h以上。

13.6.2 白乳胶的选购

（1）挑选白乳胶时，应首先观察白乳胶的外观特征，优质白乳胶为乳白色均匀稠状物，开启容器时无刺激性气味。如果色黄、局部凝固、有稠状物分离现象，即为劣质产品。

（2）挑选白乳胶时，要选择正规厂家且有质量合格证的产品，另外还要注意白乳胶的出厂日期及保质期。白乳胶放置过久，就会出现凝固，大大降低胶粘能力。切勿购买过稀的白乳胶，这样的乳胶不仅黏度降低，而且无形中减少了胶的含量，提高了价格。

13.7 其他常见胶凝材料

胶凝材料的种类非常多，除了上述几种最主要的胶凝材料外，还有一些常见的种类在装修中也得到了广泛的应用。

13.7.1 常见胶凝材料的介绍及应用

（1）309胶：俗称万能胶，具有良好的耐油、耐溶剂和耐化学试剂的性能，凝固时间很快，黏结强度很高，广泛应用于陶瓷、混凝土、人造板、木制品、塑料制品、金属面板的粘接。

（2）地板胶：专用于木制地面材料的胶粘，凝固时间相对较短，一般只需要2~3h，同时具有粘接强度高、硬度高、使用寿命长的特点。

（3）107胶：主要成分是聚乙烯醇缩甲醛，多用于墙面腻底和壁纸的粘贴，但由于107胶含毒，污染环境，国内已经明令禁止107胶的继续使用。

（4）108胶：是一种透明糊状的液体，具有较好的胶黏性能，适合用于粉刷用的胶料和配置腻子，可作为107胶的替代产品。

（5）熟胶粉：主要适用于墙面腻子的调制和壁纸的粘贴，具有阻燃和可溶解于水的特点。熟胶粉凝固时间慢，不能单独使用，并且粘接强度较低。

（6）壁纸胶：专门用于粘贴壁纸，其凝固时间较快，4h左右即可凝固。其最大特性是黏结力很强，干涸后色泽透明，不会使壁纸发黄，粘接强度较好，阻燃，并且可溶于水。使用寿命大致在5年左右。

（7）防水密封胶：适用于门窗、阳台等处的防水密封。

（8）PVC胶：用于PVC电线套管和PVC水管、UPVC排水管的粘接。

除此之外，胶凝材料还有很多种类，如801胶、816胶、901胶等，性能和上述胶凝材料基本相同，这里就不一一介绍了。

13.7.2 常见胶凝材料的选购

胶凝材料的主要用途在于粘接各类材料和作为水泥砂浆或者腻子的添加剂以增强材料的胶黏性能，在室内工程中有很广泛的用途，选购时应注意以下要点：

（1）注重环保性能，大多数胶凝材料都有很高的毒性，有些胶凝材料（如107胶）虽然已经被明令禁止使用，但在不少工程中仍有采用。环保性能是选购胶凝材料最需要考虑的一点。

（2）质量方面的选购可以参照之前的装饰涂料的选购章节。

第 14 章 装 饰 五 金 配 件

五金材料虽然是一些不起眼的小配件，如门锁、门吸、把手等，但却是日常生活中使用频率最高的部件。知名五金配件品牌有史丹利、海蒂诗、法拉利、百隆、顶固五金、统一锁具、TCL 国际电工、梅兰日兰等。

14.1 开 关 插 座

在室内装饰装修中，开关插座虽然仅仅只是一个五金件，但却关系到日常生活的方便性和安全性，是一个不能疏忽的重要环节。高品质开关的造型、光色既有其特有的美观性，也能起到美化空间的作用。

14.1.1 开关插座的介绍及应用

1. 开关

开关的品牌和种类很多，根据启闭形式、使用用途、开关的装配形式及性能等不同可以分为多种。

（1）单控开关、双控开关。单控开关是指一个开关控制一个或者多个灯具，比如客厅有多盏筒灯，它们由一个开关控制，那这个开关就是单控开关。双控开关的意思则是两个开关控制一个或者多个灯具，比如在卧室的门口会有一个开关控制卧室吸顶灯，但很多人为了方便还会在床头位置再安装一个开关控制卧室吸顶灯，这样关吸顶灯就不用跑到门口去了。双控还是单控从正面看不出来，只能从后面的接线孔来区分，单控开关一键有两孔，双控开关一键有三孔。

（2）单联、双联开关等。除上述之外还可以根据开关控制灯具数量的多少，将开关分为单联、双联、三联、四联，可以一直这样推下去，如图 14-1 所示。

图 14-1 单联、双联、三联开关

（3）延时开关，声控开关等。按照性能的不同，还可以将开关分为转换开关，光控开关、声控开关、感应开关等，如图 14-2 所示。

图 14-2　各类开关样图

2.插座

从外观上插座分有三孔和五孔的，有些插座本身就带有开关。按类型分插座可以分为普通插座、安全插座、防水插座等；按用途分又可以分为电话插座、网络插座、电视插座等。

（1）普通插座。室内用的插座多为单相插座，单相插座有两孔和三孔两种。两孔插座的有相线（L）和零线（N），不带接地（接零）保护，主要用于不需要接地（接零）保护的家用电器；三孔的除了以上两根线以外，还有保护接地（零）线（PE），用于需要接地（接零）保护的家用电器。插座从外观上看有二二插、二三插等种类，有些插座还自带开关，如图14-3、图14-4所示。

 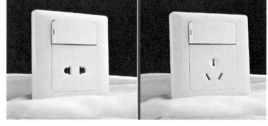

图 14-3　暗装二三插及带开关暗装二三插　　　　　图 14-4　暗装带开关二插及三插

（2）安全插座。安全插座是带有安全保护门的插座，当插头插入时保护门会自动打开，插头拔离时保护门会自动关闭插孔，可有效地防止意外事故的发生，在一些小孩可以碰到的地方最好采用有保险挡片的安全插座，防止小孩不慎触电。

（3）防水插座。在卫生间等一些水汽较多的空间安装电热水器，尤其是直热式电热水器，最好采用具有防水功能的带开关插座为宜，如图14-5所示。

（4）地插座。现在还有一种安装在地面上的地插座，平时与地面齐平，脚一踩就可以把插座弹出来，用来插火锅可以防止来回走动时绊到电线，如图14-6所示。

图 14-5　空调插座及带保护盒防水插座　　　　　图 14-6　地插座

（5）其他插座。插座的规格有：50V级的10、15A；250V级的10、15、20、30A；380V级的15、25、30A。住宅供电一般都是220V电源，应选择电压为250V级的插座。插座的额定电流选择由家用电器的负荷电流决定，一般应按 2 倍以上负荷电流的大小来选择。因为插座的额定电流如果和负荷电流一样，长时间使用插座容易过热损坏，甚至发生短路，严重时会熔坏插座，造成火灾隐患。图 14-7 即为被大功率柜式空调熔坏的插座。一般来说，普通家用电器所使用的插座额定电流可选 10A 的；空调、电磁炉、电热水器等大功率电器宜采用额定电流为 15A 以上的插座。

图 14-7　被大功率柜式空调熔坏的插座

　　插座的安装原则虽说是宁多勿少，但具体到每个空间，插座数量的多少需要根据实际情况确定。考虑到今后随着科技的发展，电器设备还会增多，因此多预留几个插座位是适合的。这里需要特别注意的是整体橱柜插座位的设定。现在很多的整体橱柜已经将电冰箱、电磁炉、电烤箱、电饭锅、电炒锅、洗碗机、消毒柜等电器设备整合在了一起，安排插座时一定要充分考虑到插座的数量和高度，这样使用起来才会得心应手。尤其是目前橱柜大多采用厂家定做的方式，确定插座数量和位置时需要和厂家的橱柜设计师共同协商确定。

　　一般情况下，家居室内墙面固定插座的布置可以遵循以下标准进行：每间卧室电源插座四组，空调插座一组；客厅电源插座五组，空调插座一组；厨房电源插座五组，排气扇插座一组；走廊电源插座两组，阳台电源插座一组。其中空调插座和电冰箱插座必须采用带接地保护的三孔插座。弱电插座应根据业主需要确定。当然这只是一般规定，针对不同的需要，可以再做增减。

　　电话插座和网络插座外形上是一样的，区分的办法是看插孔内的芯数，电话插为四芯，网络差为八芯，如图 14-8 所示。

　　开关高度一般为 1200～1400mm，距离门框门沿为 150～200mm，同时开关不得置于单扇门后面。暗装和工业用插座距地面不应低于 300mm；在儿童活动场所应采用安全插座；通常挂壁空调插座的高度约为 1900mm，厨房插座高度约为 950mm，挂式消毒柜插座高度约为 1900mm，洗衣机插座高度约为 1000mm，电视机插座（见图 14-9）高度约为 650mm。

图 14-8　电话插座、网络插座

图 14-9　电视插座

14.1.2　开关插座的选购

　　（1）品牌。开关插座的选购需要注重品牌，不要图便宜买一些杂牌产品。在装修中其实最不能省的就是电材料及水材料，这些材料一旦出现问题，往往都伴随着较为严重的后果。市场上很多知名品牌的开关会有"连续开关一万次"的承诺，正常情况下可以使用十年甚至更长时间，价格虽贵，但综合比较还是划算的。

　　（2）手感。品质好的开关插座大多使用防弹胶等高级材料制成，防火性能、防潮性能、防撞击性能都较好，表面光滑，有防伪标志和国家电工安全认证的长城标志及"CCC"认证标志；开关开启时手感灵活，无阻滞感；掂一掂开关重量，优质的产品因为大量使用了铜银金属，分量感较足，不会有轻飘飘的感觉；插座则插接稳固，插头插拔应需要一定的力度。

（3）外观。品质好的开关、插座大多使用防弹胶等高级材料制成，也有镀金、不锈钢、铜等金属材质，其表面光洁、色彩均匀，无毛刺、划痕、污迹等瑕疵，具有优良的防火、防潮、防撞击性能。同时包装上品牌标志应清晰，有防伪标志、国家电工安全认证的长城标志、国家产品 3c 认证和明确的厂家地址电话，内有使用说明和合格证。

暗装开关插座有底盒和面板之分，这里介绍的主要是面板的选购。底盒通常会直接埋入墙内，面板的尺寸应与预埋的底盒尺寸一致。常见的底盒有塑料和金属两种，一般来说是钢管配金属底盒，PVC 管配塑料底盒，但这也不是绝对的，需要根据实际情况选择。

14.1.3 开关插座施工图解及注意事项

1. 施工图解

插座面板安装最好安排在扇灰施工结束之后，如果先期进行安装，之后扇灰施工会污损插座、开关面板。在安装好开关插座面板后还必须用胶纸或者包装纸等包好开关、插座面板，避免后期施工造成污损。

第一步：插座走线应该为面对插座左零右火，如图 14-10 所示。同一场所的三相插座接线的相位应一致。

第二步：弱电插座应该用万能表测试确定没有问题后再接线，如图 14-11 所示。

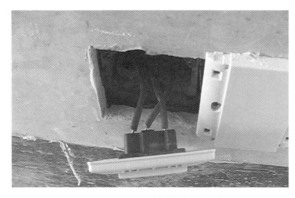
图 14-10　面对插座左零右火

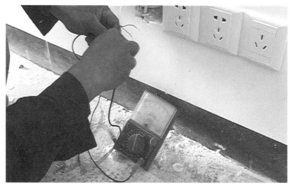
图 14-11　测试后再接线

2. 施工注意事项

安装完面板，应在面板表面贴膜保护，避免在后续的乳胶漆工程中污损，如图 14-12 所示。

图 14-12　面板表面贴膜保护

开关插座安装要点如下：

（1）开关、插座安装必须垂直、水平、不松动，开关开启灵活。

（2）两个或以上的开关、插座之间的连接线最好采用 $4mm^2$ 线。

（3）地面插座应采用带有保护盖的地插座。

（4）电视、网络、电话分配器应安装在便于检查的地方，比如可以放置在柜子上或者柜子里。

（5）水多的地方必须采用带有保护盒的防水插座。

14.2　钉　　　子

在室内装修中无处不用钉子，作为固定木头等物用途，且因用法不同而多种多样。

14.2.1　钉子的介绍及应用

家庭装修中用到的钉子主要有钢钉、纹钉、码钉、气钉、自攻钉、蚊钉、特种钉等。

（1）钢钉。钢钉的品种繁多，形状各异，主要品种有圆钉、扁头钉、平头钉、方钉、射钉、水泥钉、瓦楞钉等。钢钉主要用于水泥墙、地面与面层材料的连接以及基层结构固定。钢钉强度大、不易生锈，普通墙面不用钻孔打眼，使用方便，但造价较高、型号少，装修中用量不大。钢钉样图如图 14-13 所示。

（2）纹钉。纹钉主要用于基层饰面板的固定，一般常用的有螺纹钉和环纹钉，其价格低、不容易生锈。纹钉样图如图 14-14 所示。

图 14-13　钢钉

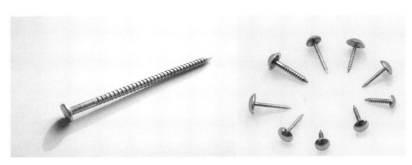
图 14-14　纹钉

（3）码钉。码钉一般是用镀锌铁丝做成的，与订书钉相似，型号一般用有 J 字头表示。它是气动枪钉的一种，主要用来连接、固定两块板材。码钉样图如图 14-15 所示。

（4）气钉。气钉也叫排钉，需要的工具是气钉枪，主要用于木板、木龙骨等。气钉样图如图 14-16 所示。

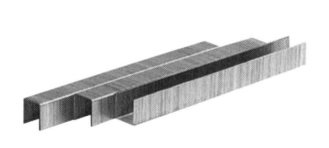
图 14-15　码钉

图 14-16　气钉

（5）自攻钉。自攻钉也叫自攻螺钉，是尖头的，这样才能"自攻"。目前国内常用的自攻钉有十字沉头和十字盘头两种类型。自攻钉多用于薄的金属板之间的连接，连接时先对被连接件制出螺纹底孔，再将自攻钉拧入被连接件的螺纹底孔中。由于自攻钉的螺纹表面具有较高的硬度，可在被连接件的螺纹底孔中攻出内螺纹，从而形成连接。自攻钉样图如图 14-17 所示。

图 14-17　自攻钉

（6）蚊钉。蚊钉非常细小，并且没有钉头、钉孔小，需要专用蚊钉枪，主要用于装饰面板，因为钉孔细小，便于修补且不留钉痕。

（7）特种钉。特种钉带螺纹，主要用于钉踢脚线，所以也叫地板钉，其螺纹结构不易松动。

14.2.2　钉子的选购

选购钉子时，一是要注意外观，看是否有缺陷，是否钉头残缺、钉身弯曲；二是要注意看光泽如何；三是要注意手感是否光滑。另外，还有一个简单实用的办法，就是掂一掂分量。同一类型的钉子，如果重量重，则质量也相对好些；如果重量明显轻出不少，则说明用材低劣，硬度不够，质量难以保证。

14.3　闭　门　器

闭门器就是开启、关闭门扇的装置。常见的闭门器主要有地弹簧和自动闭门器两种，严格点讲，其实合页也可以算是闭门器的一种。

14.3.1　闭门器的介绍及应用

自动闭门器主要有两种：一种是带有定位功能的，当门开到一定的程度时会自动固定住，小于此角度则自动关闭，多见于一些酒店、宾馆等公用场合；另一种是没有定位作用的，无论在什么角度上，门都会自动关闭。自动闭门器样图如图 14-18 所示。

地弹簧也属于闭门器的一种，不同于自动闭门器的是地弹簧可以双向开启门，而自动闭门器只能单向开启。地弹簧根据开合方式可以分为两种，一种是带有定位功能的，当门开到一定的程度时会自动固定住，小于此角度则自动关闭，多见于一些酒店、宾馆等公用场合。地弹簧样图如图 14-19 所示。

图 14-18　自动闭门器

图 14-19　地弹簧

自动闭门器适用于木质门、轻型铝框门和小型铁门。地弹簧适用于各种规格的铝框门、全玻璃门。

在选购地弹簧时需要根据门的宽度来定。地弹簧分为轻型、中型和重型三种，轻型适用于 700~800mm 宽的门，中型适用于 800~1000mm 宽的门，重型适用于 1000~12000mm 宽的门。自动闭门器对于门的宽度也有限制，通常适用于 700~1000mm 宽的门。无论是地弹簧还是自动闭门器，其安装的好坏将直接决定其使用的寿命，因而需要在安装时特别注意施工质量。

14.4 门 锁、门 吸

市场上销售的锁具品种非常多，每种锁具都有着各自不同的使用功能，和门锁配套的门吸是一种安装在门后的小五金，主要作用是吸附固定门扇，防止门被风吹而自动关闭，同时也可以起到保护墙体的作用。

14.4.1 门锁、门吸的介绍及应用

门锁的主要作用就是保密和防盗。市场上的门锁种类非常多，甚至有了各种各样的专用锁、组合锁等先进的品种。但就室内一般空间而言，常见的用锁主要有执手门锁、三保险弹子门锁、不锈钢球形锁、玻璃窗门锁、抽屉锁、门夹及门条等，如图 14-20 所示。

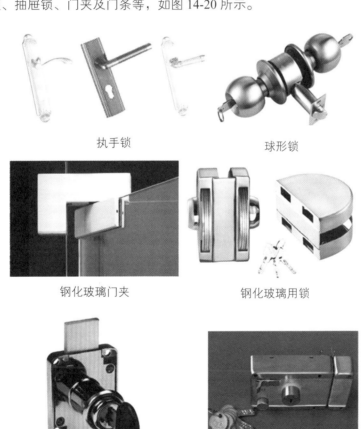

执手锁　　　　　　　　　　球形锁

钢化玻璃门夹　　　　　　　钢化玻璃用锁

抽屉锁　　　　　　　　　　三保险弹子门锁

图 14-20　各种锁具样图

门吸是一种带有磁铁，具有一定磁性的小五金。门吸安装在门后面，在门打开以后，通过门吸的磁性稳定住门扇，防止风吹导致门自动关闭，常用的门吸又叫做"墙吸"。门吸是在门固定状态下，防止其自由活动的，也就是使其保持固定状态的装置。目前市场上还流行一种门吸，称为"地吸"，其平时与地面处于同一个平面，不影响美观且打扫方便；当关门时，门上的部分带有磁铁，会把地吸上的铁片吸起来，防止门扇磕碰墙体，如图 14-21 所示。

图 14-21　门吸样图（最右侧为地吸）

14.4.2　门锁、门吸的选购

（1）应选择知名度高、售后服务好的品牌企业的产品。

（2）注意锁的方向，执手门锁分左右，购买时需要注意锁的方向和开门的方向一致。

（3）观察产品外观质量情况，包括锁头、锁体、锁舌、执手与覆板部件及有关配套件是否齐全，外表色泽是否鲜艳、均匀，有无生锈、氧化迹象及破损。

（4）试试锁的灵敏度，可以反复开启测试锁芯弹簧的灵敏程度。

（5）注意门吸磁性的强弱，磁性过弱会导致门扇吸附不牢。

14.5　拉手、合页

拉手和合页也是最为常用的五金配件，是室内装修不可或缺的一种材料。

14.5.1　拉手、合页的介绍及应用

拉手从材质来分有单一金属、合金、塑料、陶瓷、玻璃等，相对而言全铜、全不锈钢的质量较好，合金、电镀的较差，塑料的正濒临淘汰；从外形来分有管形、条形、球形及各种几何形状等；还可以按设计风格分为现代拉手和仿古拉手。拉手的选择需要和家具的款式配合起来，选用得当的拉手对于整个家具来说可以起到"画龙点睛"的作用。各式拉手样图如图 14-22 所示。

图 14-22　各式拉手样图

合页又称铰链，是各式门扇开启、闭合的重要部件。合页的常见种类有升降合页、普通合页、玻璃合页、烟斗合页、液压支撑臂，依次排列如图 14-23 所示。

图 14-23　各类合页样图

14.5.2　拉手、合页的选购

（1）拉手的选购需要注意表面光滑、无毛刺，摸上去感觉比较滑腻。此外还要注意拉手的表面处理，比如普通钢材表面镀铬后质感和不锈钢类似，不要将两者混淆。同时在选购拉手时还必须注意拉手和家具款式的统一。

（2）选购合页时检查材质是否坚固耐用、移动是否灵活。开合、拉动几次，合页开启轻松无噪声且灵活自如为佳。

14.6　其他常见装饰五金配件

五金配件种类很多，除了上述开关插座、门锁、门吸、拉手等外，还有各种辅助配件。

14.6.1　常见五金配件的介绍及应用

1. 滑轮、滑轨

滑轮多用于阳台、厨房、餐厅等空间的滑动门中，滑动门的顺畅滑动基本上都靠高质量滑轮系统的设计和制造。制造滑轮所使用的轴承必须为多层复合结构轴承，最外层为高强度耐磨尼龙衬套，并且尼龙表面必须非常光滑，不能有棱状凸起；内层滚珠托架也是高强度尼龙结构，减少了摩擦，增强了轴承的润滑性能；承受力的结构层均为钢结构，此种设计的滑轮大部分是超静音的，使用寿命在 15～20 年。

滑轨按功能一般可以分为抽屉滑轨道、推拉门滑轨道、门窗滑轨道等。滑轨包括滑轮、滑轨、连接件和固定件，其中滑轮和滑轨是其中最重要的部件。目前市场上还有一种阻尼滑轨，特点是底板上对称设有阻尼器，具有关闭过程匀速、无声、无撞击的特点，可实现在无论多大的推力作用下，都可使抽屉缓慢关闭，不会发生抽屉与固定框的碰撞，保证抽屉内的物品不受损坏，如图 14-24 所示。

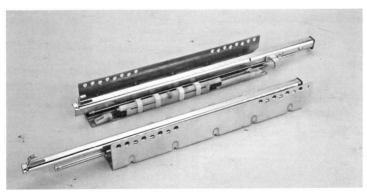

图 14-24　滑轨样图及实景图

2. 拉篮

拉篮多用于橱柜内部，在橱柜内加装拉篮可以最大程度地提高橱柜使用率。拉篮有很多的品种，材料上则有不锈钢、镀铬及烤漆等。拉篮以其便利性在橱柜的分割和储物应用上已基本取代了之前的板式分隔。根据不同的用途，拉篮可分为炉台拉篮、抽屉拉篮、转角拉篮，各种物品在拉篮中都有相应的位置，在应用上非常便利。拉篮实景效果如图 14-25 所示。

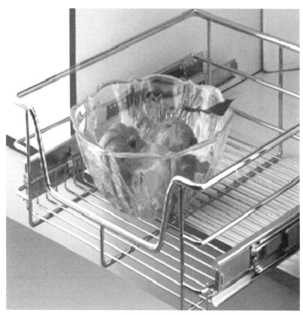

图 14-25　拉篮实景效果

14.6.2　常见五金配件的选购

（1）滑轮是最重要的五金部件，目前市场上滑轮的材质有塑料滑轮、金属滑轮和玻璃纤维滑轮三种。塑料滑轮质地坚硬，但容易碎裂，使用时间一长便会发涩、变硬，推拉感就变得很差；金属滑轮强度大、硬度高，但在与轨道接触时容易产生噪声；玻璃纤维滑轮韧性、耐磨性好，滑动顺畅，经久耐用。

（2）滑轨道一般有铝合金和冷轧钢两种材质，铝合金轨道噪声较小，冷轧钢轨道较耐用，无论选择何种材质轨道，重要的是其轨道和滑轮的接触面必须平滑，拉动时流畅和轻松。同时还必须注意轨道的厚度，加厚型的更加结实耐用。质量好的和差的滑轨价格相差很大，因为滑轨是经常使用的部件，购买品牌产品更有保障。大品牌的滑轨使用期限都为 15 年左右，而一些仿冒产品的滑轮 2~3 个月可能就会损坏。

（3）拉篮的选购可以参照上面拉手的选购方法，在此不再重复。

第15章　装　饰　灯　具

灯具不再是简单满足室内照明要求的工具，现代装饰灯具的漂亮外观使得其成为了室内装饰必不可少的元素，同时各类灯饰产品还可以通过灯光的光色烘托出不同的室内氛围。

15.1　灯　　　泡

目前灯泡的生产技术已经非常先进，可以生产出各种不同类型、不同形状的灯泡，甚至灯泡形成的光束都可以被人工生产出各种形状和效果。

15.1.1　灯泡的介绍及应用

以性能区分，室内用灯泡大致上可以分为四大类。

（1）白炽灯：又称为钨丝灯泡，是应用最为广泛的一种灯泡，能散发出温暖晕黄的光线，往往说起灯泡大家就能够联想到它。其实白炽灯也具有多变的式样以搭配不同的灯具，如图15-1所示。白炽灯是以钨丝为发光材料制成的灯泡，其优点就在于价格便宜且装饰性和实用性强，可以用于各类环境。但缺点是发光效率低，寿命短。目前市场上有大量的节能型白炽灯泡，在一定程度上解决了普通白炽灯效能低的缺点。

图 15-1　白炽灯样图

（2）钨丝卤素灯泡：较小且较为省电，所产生的光线也比普通的钨丝灯泡要白，更贴近自然光。所以卤素灯泡经常被用于向上或向下投射光线的聚光灯中。卤素灯的一个最主要的优点是：光线能量可以从小若针头的灯丝中散发出来。因此，灯具可以做成非常流畅、迷你的造型，如图15-2所示。

（3）荧光灯管：常被称为日光灯管，它所散发来的光线比钨丝灯泡要强，光线偏冷、略带青色，但同时却非常省电，也很耐用，因此是非常经济实惠的灯泡类型，如图15-3所示。荧光灯管可以生产出各种大小、长度和颜色，在室内装修中多用做暗藏灯，形成成片的光芒效果，如图15-4所示。

图 15-2　钨丝卤素灯

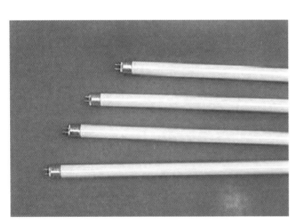

图 15-3　荧光灯管

图 15-4　暗藏灯效果

15.1.2　灯泡的选购

170

　　灯泡的选购建议从节能环保的概念出发，更多地使用节能型灯泡。以白炽灯为例，节能灯泡的光照强度相当于普通灯泡的 5 倍，也就是说一盏 20W 的节能灯泡的照度能够达到普通灯泡 100W 的照度。而对于电能消耗而言，节能灯泡只相当于普通灯泡的 40% 左右，而且节能灯泡的使用寿命也是普通灯泡的 5 倍以上。所以虽然节能灯泡价格是普通灯泡的十几倍，但是从长远看，使用节能灯泡无疑更为划算，既经济又节能环保。

15.2　灯　　具

　　从目前的设计趋势看，灯具已经不仅仅是一种照明用工具，更成为了室内装饰的重要装饰品，尤其是各类灯具形成的光色效果更是一个室内设计最出彩之处。

15.2.1　灯具的介绍及应用

1.吊灯、吸顶灯

吊灯种类繁多，造型也多样，各种材料如金属、玻璃、水晶、亚克力都被广泛应用于吊灯的制作中，成为营造居室效果的重要装饰元素。以目前最为流行的水晶灯为例，其晶莹剔透的外形、璀璨夺目的效果可以给居室带来一种雍容华贵的感觉，如图15-5所示。

图 15-5　水晶吊灯效果

吊灯又分为多头吊灯和单头吊灯，前者多用于客厅，后者多用于卧室或餐厅。多头吊灯和单头吊灯效果如图 15-6 所示。

吸顶灯在造型和材料上可以制作的和吊灯一样，它们之间的区别在于吸顶灯没有吊杆，是直接吸附于天花之上的，感觉上没有吊灯那么大气。吊灯和吸顶灯样图比较如图15-7所示。

图 15-6　多头吊灯和单头吊灯效果

图 15-7 吊灯、吸顶灯样图对比

吊灯和吸顶灯的照射方式有三种：一是将灯泡装在灯罩内，使光线漫射整个空间，光线较柔和；二是灯罩口朝下，灯光直接照射室内，显得光灿明亮；三是灯罩口朝上，灯光照到天花板上，然后反射下来，其光线扩散均匀，光度稍弱，但柔和悦目。

相对而言，吊灯适合用在层高较高的空间，而吸顶灯则更适合一些层高较低的空间。一般而言，层高低于 2.7m 都不大适合采用吊灯（餐厅空间除外，吊灯可以只距餐桌面 65～85cm）。由于目前不少住宅层高都是在 2.7m 甚至 2.7m 以下，因此盲目地使用吊灯显然是不合适的，小空间使用吊灯反而容易造成一种压抑的感觉。

2. 筒灯、射灯

筒灯是一种嵌入式灯具，一般是将筒灯嵌入天花中，起到一种辅助照明的作用。其照明方式通常为向下直接光照方式，很多筒灯还可以调节角度，照射各个不同方向。现在比较流行的是多头筒灯，即将几个筒灯拼装在一个框架内，样图与实例效果如图 15-8、图 15-9 所示。

射灯在造型上相比筒灯显得更为现代和时尚，而且射灯不需要嵌入天花中，可以直接安装于房顶，实用性能更好。射灯作用是将光束集中照射于某处，起到突出强化设计的作用，比如将射灯光束集中于背景墙的装饰画上就是一种常见的方式。射灯一般都配有各种灯架，可以随意调节射灯的角度和位置，如图 15-10 所示。

图 15-8 各式筒灯

图 15-9　筒灯实例效果

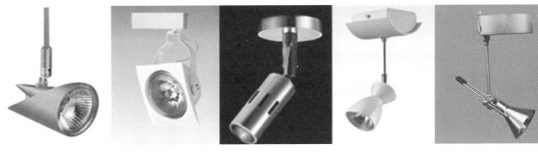

图 15-10　各式射灯

　　射灯中还有一种轨道射灯，就是将射灯固定在一条长轨道上，多个射灯组合的轨道射灯不仅具有很好的装饰效果，还能像吊灯或吸顶灯那样起到主照明的作用，如图 15-11 所示。

图 15-11　轨道射灯效果

3. 台灯、落地灯

台灯多用于客厅茶几、卧室床头柜和书房写字台上，其造型和色彩千变万化、多姿多彩。台灯大体上可以分为工艺台灯和书写台灯两种类型。工艺台灯强调艺术造型和装饰效果，甚至做成各种实物（如花朵）的造型。书写台灯主要用于阅读和书写，在造型上相比工艺台灯显得更为简洁。各式台灯样图如图 15-12 所示。

图 15-12　各式台灯样图

落地灯在造型上可以和台灯一样，可以这样来区分台灯和落地灯：放在桌上的是台灯，直接放在地上的是落地灯。相对而言，落地灯的灯杆要比台灯长很多，如图 15-13 所示。

图 15-13　台灯、落地灯对比效果

台灯、落地灯既可以作为一个小区域的主灯，又可以通过照度的不同和室内其他光源配合出环境光色变化，同时也可以凭自身独特的造型成为室内不错的摆设，如图 15-14 所示。

图 15-14　台灯、落地灯实例效果

4. 壁灯

壁灯是固定于墙面的装饰性灯具，多用于床头、梳妆台、走廊、门厅等处的墙面或者柱面上。壁灯的照度通常较小，常用做室内调节气氛的辅助性照明。壁灯也有各种不同风格和造型，如图 15-15 所示。

图 15-15　壁灯样图

壁灯早些年使用非常广泛，但近年来在室内的应用相对于其他类型灯具而言是比较少的。究其原因，在于壁灯需要固定于墙面，不能移动，在使用上不如台灯方便。在造型上，台灯和壁灯同样都做得非常漂亮，但是壁灯需要专门安装，这也是比较麻烦的。因而壁灯在很多情况下都被台灯所替代。但也正是因为壁灯固定在墙面不能移动，没有不小心摔落地面的危险，所以被广泛应用于酒店、宾馆的客房中，如图 15-16 所示。

图 15-16　壁灯实例效果

15.2.2　灯具的选购

业主购买灯具时应注意以下要点：

（1）空间应用。在灯具的应用上不要有思维定式，现在的灯具使用非常灵活。客厅主照明可以采用吊灯、吸顶灯，但同样也可以采用多盏射灯和筒灯组合成主照明，还可以通过暗藏灯带所发出的光芒漫射形成主照明。卧室床头柜上也不一定必须用台灯，可以是壁灯或者单头吊灯垂于床头柜上方，甚至可以是落地灯。所以在灯具的应用上可以采用灵活的方式，不拘一格。

（2）风格协调。风格的统一也是选用灯具必须考虑的一个重要因素，水晶灯非常漂亮，但也不是用在什么空间都适合的，在选购时需要考虑风格上的协调问题。

（3）特殊空间。在一些浴室等水汽较多的空间选用灯具时，还必须考虑防雾和防潮。市场上有专门的防水灯具，特别适合于这类空间。

（4）灯具质量。目前市场上的灯具品种很多，质量也有高有低，选购时最好选用那些品牌产品，质量上相对而言更有保证。光源和灯具品牌主要有三立、三雄、飞利浦、雷士、TCL、欧普、正泰、华艺等。在选购时还必须注意配件一定要齐全，有时少了一个塑料垫圈也会导致无法成功安装。

15.2.3　灯具施工图解及注意事项

1.施工图解

灯具的安装主要指吊灯、吸顶灯、筒灯和射灯的安装，在公共空间中一般还有地插的安装。

第一步：检查灯具，要求配件齐全，灯具表面不能有破损等缺陷，如图 15-17 所示。

第二步：大型吊灯应用膨胀螺丝固定，如图 15-18 所示。当灯具表面高温物件靠近可燃物时，应采取隔热处理，暗藏灯槽内的日光灯管用卡子固定。

第三步：灯具安装好后必须进行保护，避免污损，如图 15-19 所示。

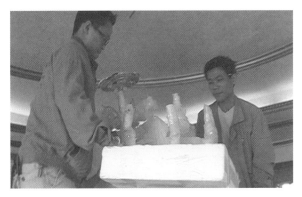

图 15-17　检查灯具

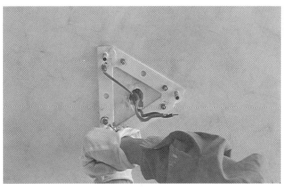

图 15-18　膨胀螺栓固定

图 15-19　灯具保护

2. 施工注意事项

检查灯具：要求灯具及其配件齐全，无挤压变形、破裂和外观损伤等情况，所有灯具应有产品合格证。

确定灯具具体的安装位置，如果在前期准备工作中已经和业主、设计师确认，即可直接安装。

将预留位的电线拉出来，即可按照灯具的安装说明安装灯具。灯具安装可参照说明书进行，在接线方式上为相线进开关，通过开关进灯头，零线直接进灯头。需要注意的要点如下：

（1）考虑灯具的自重。目前天花多为石膏板制作，石膏板承重性较差，质量超过 3kg 的吊灯、吸顶灯等大型灯具直接安装在石膏板上可能会造成脱落的危险，所以必须在混凝土顶棚上打膨胀螺栓固定灯座，且固定螺钉或螺栓不少于 2 个，或者在天花上加装后置埋件或固定架，然后再将灯具固定在后置埋件或固定架上。

（2）安全性。灯具不得直接安装在易燃构件上，比如夹板天花或者木龙骨上。因为灯具表面会产生高温，容易导致可燃物燃烧，造成火灾隐患，尤其是暗藏在灯槽内的日光灯安装必须隔离木龙骨等易燃物，同时灯管用支架架空，不可斜置或倒置，以免灯管发热而引起燃烧。此外所有灯具的金属处壳都必须进行接地处理。

（3）美观性。同一室内或场所成排安装灯具，尤其是成排的筒灯、射灯，其中心线偏差不应大于5mm，矩形灯具的边框宜与顶棚面的装饰直线平行，偏差也不应大于 5mm；筒灯、射灯应能够完全遮盖开孔位；暗处灯管不应外露，必须保证从下往上只见灯光不见灯管，如图 15-20 所示。

（4）灯具安装完工后，不要将表面的保护膜立即撕掉，避免在后面的施工中造成灯具污损。

177

图 15-20　只见灯光不见灯管

第16章 卫浴洁具

随着生活水平的提高，卫浴洁具产品的材料呈现多元化发展趋势，除了传统的陶瓷外，各种材料如不锈钢、亚克力、玻璃、实木都被广泛应用于卫浴洁具产品的生产中。卫浴洁具的主要品牌有美标、TOTO、科勒、和成、吉事多、四维、钻石等。

16.1 水 龙 头

家庭生活中，每天都要用到水龙头，水龙头的好坏直接影响日常生活，因此业主对水龙头的了解和选购不可忽视。

16.1.1 水龙头的介绍

按材料分，日常生活中常见的水龙头有金属、塑料、玻璃、陶瓷和合金等种类；按功能分有冷水龙头、面盆龙头、浴缸龙头、淋浴龙头。随着科学技术的发展，水龙头的生产也出现了一些新的技术，特别是出现了智能磁化水龙头、电热水龙头等高科技含量的水龙头。

智能磁化水龙头在手伸向水龙头下方时，水龙头会自动打开，手离开后水龙头会自动关闭，这样就避免了忘记关闭水龙头造成的浪费。智能磁化水龙头使用方便、卫生，不会产生冒、漏、滴等现象，且制作、安装极为容易。电热水龙头构造上包括水龙头本体及水流控制开关。水龙头本体内设有加热腔和电器控制腔，水流过时可以加热，适合在冬季寒冷的季节使用。

水龙头也有各类风格，如简约、古典、现代等，如图16-1所示。

图16-1 各类风格水龙头

16.1.2 水龙头的选购

（1）看表面。水龙头表面一般都做了镀镍和镀铬处理，正规产品的镀层工艺要求比较高，表面的光泽均匀，无毛刺、气孔以及氧化斑点等瑕疵。此外水龙头主要零部件间的接缝结合处也非常紧密，没有任何松动感。

（2）试手感。轻轻转动手柄，看看是否轻便灵活，有无阻塞滞重感。无论是何种类型的水龙头，最关键的部位就是其阀芯。水龙头的阀芯主要有铜、陶瓷和不锈钢三种。其中陶瓷阀芯的水龙头的优点是精密耐磨，对水质要求较高，但陶瓷质地较脆，容易破裂。不锈钢阀芯具有较高科技含量，一些高档卫浴产品均采用它作为其水龙头产品的阀芯。不锈钢阀芯的最大优点就在于其经久耐用，对水质要求不高，由于目前国内城市用水的水质普遍不高，因此采用不锈钢球阀较适合。铜阀芯问题较多，比较容易出现漏水和断裂现象，目前较少采用。有些很便宜的产品，都采用质量较差的阀芯，转动时明显感觉不流畅，而且很多不合格水龙头阀芯含铜量不合格，造成含铅量超标，常年使用这样不合格的水龙头，水中会慢慢析出有害物质"铅"，从而污染饮用水，对健康造成危害。

（3）配件。买好水龙头一定不要忘记清点零配件，否则拿回去装不上也很麻烦。一般面盆水龙头的配件主要有去水器、提拉杆及水龙头固定螺栓和固定铜片、垫片等；浴缸水龙头还要有花洒、两根进水软管、支架等标准配件。正规企业生产的水龙头在出厂时都有安装尺寸图和使用说明书，挑选时要注意查收。

16.2 洗面盆

早期洗面盆大多为陶瓷所制，造型简单，只讲究功能使用。现在洗面盆在外观上已经大有改进，材料上也呈多样性发展，用于卫浴空间不啻于一件精美的装饰品。

16.2.1 洗面盆的介绍

按材料分洗面盆主要有陶瓷洗面盆、玻璃洗面盆、人造石洗面盆等种类。陶瓷洗面盆是目前市场上的主流产品，有着悠久的历史，其表层釉面光洁、易清理，同时陶瓷洗面盆价格实惠，是大多数家庭的首选。玻璃洗面盆是目前市场上的新宠，其外观晶莹剔透、时尚大方，且品种颜色多样，有透明、磨砂、印花等多种类型和各种颜色，受到市场的追捧。人造石洗面盆外观简洁大方，出厂时多和洗面台柜搭配在一起，显得统一整体。各类洗面盆样图如图 16-2 所示。

图 16-2 各类洗面盆

目前大多数卫浴洁具产品都是搭配在一起出售的，这样就可以避免各类产品之间风格的不协调。尤其是洗面盆，通常还会跟一个柜体相搭配，既可以与洗面盆在设计风格上相呼应，又可以起到隐蔽管道设施的作用，如图 16-3 所示。

图 16-3　卫浴洁具搭配效果

16.2.2　洗面盆的选购

洗面盆选购除了在风格上要求统一协调外，还有质量上的要求。陶瓷洗面盆主要观察其釉面的光洁度，方法与釉面砖的选购类似。玻璃洗面盘的玻璃必须是钢化玻璃，且玻璃厚度不能小于 12 厘，即 12mm。人造石洗面盆的材料是本书装饰石材章节中讲过的人造石材料，具体可以参照人造石选购方法。如果墙体内管线较多，就不适宜使用需贴墙固定的洗面盆。此外，还应检查洗面盆下水返水弯、洗面盆水龙头上水管及角阀等主要配件是否齐全。

16.3　浴　　　缸

浴缸经过多年的发展，无论在材质、造型还是功能上都有很大的改进，尤其是现在市场上出现的各种款式的按摩浴缸，泡澡的同时还能起到按摩的功效，对于身心的放松更具功效。

16.3.1　浴缸的介绍

按照材料分，现在市场上的主流浴缸大致有铸铁、钢板、亚克力三大类。此外还有陶瓷、树脂等材料制成的浴缸，尤其是陶瓷浴缸，在早年间是浴缸市场的主流产品，但目前已经基本上被亚克力材料的浴缸所取代，在市场上比较少见了。

（1）铸铁浴缸。铸铁浴缸是以铸铁成型，再在表面镀搪瓷制成的。其优点是表面光洁、平整，防污垢，易清洗，坚固耐用、寿命长。缺点是价格高，良好的导热性导致其保温性较差，颜色及造型因受工艺限制而比较单一。另外铸铁浴缸很重，不易挪动和搬运，因而在安装过程中比较麻烦，也容易被磕坏。各类浴缸如图 16-4 所示。

（2）钢板浴缸。钢板浴缸是以钢板成型，再在表面镀搪瓷而制成，在生产工艺上和铸铁浴缸类似。其优点与铸铁浴缸类似，但是价格较便宜，重量也比铸铁浴缸轻，便于运输和安装。缺点是钢板浴缸的深度较浅，造型比较单调，保温效果也不太好。另外，钢板浴缸如果厚度太薄，运输、安装和使用时浴缸局部容易受力变形，严重的还会出现暴釉现象。

（3）亚克力浴缸。亚克力浴缸表面是聚丙酸甲酯，背面为树脂石膏加上玻璃纤维，并且是以真空方法处理制成的。其优点是保温性能很好且价格便宜。由于浴缸背面是玻璃纤维加强层，因此硬度较高。品质好的亚克力浴缸可以长久保持亮丽的外观，使用寿命可达 10 年以上。缺点是表面硬度不够，硬物及尖锐物体与浴缸直接碰撞，容易造成损坏。

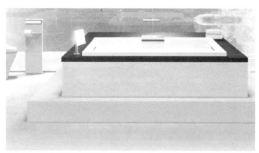

图 16-4　各类浴缸

除了这些浴缸，现在市场上还有一种仿古的木桶，也可以代替浴缸使用，因为其独特的造型和纯实木制造而受到了市场的追捧，如图 16-5 所示。

从功能上看，除了以上这些传统浴缸外，还有一种是按摩浴缸。按摩浴缸可以通过浴缸内水流循环和喷冲，达到按摩身体的作用，如图 16-6 所示。

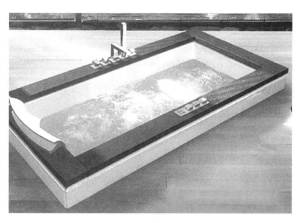

图 16-5　木桶浴缸　　　　　　　　　　　　图 16-6　按摩浴缸

16.3.2　浴缸的选购

浴缸的选购除了讲究设计上的统一协调外，在质量上还需要注意：钢板浴缸所用的钢板通常是 1.5~3mm 厚度，由于钢板比较薄，保温性能不好，因此购买钢板浴缸最好是购买那些加上了保温层的钢板浴缸；铸铁浴缸和钢板浴缸表面都有搪瓷，选购时需要注意其表面是否光洁，如果搪瓷镀得不好，表面会出现细微的波纹；亚克力浴缸选购时需要注意浴缸表面是否光滑，是否有较明显的凹凸。木质浴桶由于是木板拼接制成的，最易出现滴漏的问题，选购时最好倒满水测试其是否会有滴漏。浴缸的选择还应从人体舒适度出发，即浴缸的尺寸应符合人的体型，浴缸的高度在人大腿内侧的 2/3 处最为合适。

16.4 淋浴房

浴缸提供的是泡澡的功能，若要淋浴更适合的无疑是淋浴房。

16.4.1 淋浴房的介绍

目前市场上淋浴房的基本构造都是底盘加围栏。底盘质地有陶瓷、亚克力、玻璃钢等，围栏上安有塑料或钢化玻璃门，可以方便进出。淋浴房内安装有淋浴喷头，洗浴时将门拉上后，水就不会溅到外面。淋浴房按照底盘的形状不同可以分为方形、圆形、扇形、钻石形等，如图 16-7 所示。

图 16-7　各式淋浴房

随着技术的进步，目前市场上很多的淋浴房都具备全封闭、冷热水淋浴、按摩和音乐等功能。有的淋浴房还分别设有顶喷和底喷，并增加了自动清洁功能，有些还设有桑拿系统、淋浴系统、理疗按摩系统等。桑拿系统主要是通过淋浴房底部的独立蒸汽孔散发蒸汽，并且可以在药盒内放入药物享受药浴保健，以达到保健的目的。理疗按摩系统则主要是通过淋浴房壁上的针刺按摩孔出水，用水的压力对人体进行按摩。各类多功能淋浴房如图 16-8 所示。

图 16-8　各类多功能淋浴房

（1）材料。淋浴房的主材最好的是钢化玻璃，真正的钢化玻璃仔细看有隐约的波纹；淋浴房的骨架通常采用铝合金制作，表面做喷塑处理，主骨架铝合金越厚越不易变形；门的滚珠轴承一定要灵活，方便启合；螺丝采用不锈钢，并且所有五金都必须圆滑，以防不小心刮伤；淋浴房底盘的材料分为玻璃纤维、亚克力、金刚石三种，相对而言，金刚石牢度最好，污垢清洗方便，压克力材料次之。

（2）多功能淋浴房必须关注蒸汽机和电脑控制板。如果蒸汽机质量不达标，用不了多长时间就会损坏。此外，电脑控制板也是淋浴房的核心部件。由于淋浴房的所有功能键都是在电脑控制板上，一旦电脑控制板出问题，整个淋浴房就无法启用，因此在购买时一定要问清蒸汽机和电脑控制板的保修时间。

（3）不能贪图价格便宜，一定要购买标有详细生产厂名、厂址和商品合格证的产品。

16.5　抽　水　马　桶

抽水马桶又称坐便器，因其在使用功能上更加的人性化，是取代蹲便器的新型洁具。

以冲水方式的不同可以将马桶分为直冲式和虹吸式。其中虹吸式又分为虹吸旋涡式、虹吸喷射式、虹吸冲落式三种。直冲式价格便宜，用水量小，排污效果好，同时管道较大，不易堵塞，但噪声很大。虹吸式排水不仅噪声低，对马桶的冲排也较干净，还能消除臭气，但由于设计复杂，制作成本和售价均高于直冲式马桶。虹吸式马桶中的虹吸旋涡式就是所谓的静音型马桶，优点是冲水时声音很小且气味小，缺点是费水且冲力较小；虹吸喷射式应用较广泛，优点是冲水力度大，噪声小且省水，缺点是管道较小，纸扔太多偶尔会堵；虹吸冲落式池壁坡度较缓，噪声问题有所改善，缺点是池底存水面积较大，较费水。各式马桶如图 16-9 所示。

图 16-9　各式马桶

如果选择马桶，则一定要保持清洁，因为很容易有细菌交叉感染。如家中有老人，行动不便，蹲久了站起来会头晕，一般使用马桶比较好。

（1）摸表面。高档马桶表面的釉面和坯体都比较细腻，手摸表面不会有凹凸不平的感觉。中、低档马桶的釉面比较暗，在灯光照射下，会发现有毛孔，釉面和坯体都比较粗糙。由于池壁的平整度直接影响马桶的清洁，因此池壁越是平滑、细腻，越不易结污，管道应比较光滑，否则影响排污，假冒产品往往做不到这一点。

（2）掂分量。高档马桶必须采用卫生陶瓷中的高温陶瓷，这种陶瓷的烧成温度在1200℃以上，材料结构全部完成晶相转化，质地呈极致密的玻璃相，达到了卫生洁具全瓷化的要求，手掂有沉甸甸的感觉。中、低档马桶均采用的是卫生陶瓷中的中、低温陶瓷，这两种陶瓷由于其烧成的温度低，烧成的时间短，无法完成晶相转化，质地较疏松，达不到全瓷化的要求。总之，好一点的马桶是比较重的。

（3）比吸水率。高温陶瓷与中、低温陶瓷最明显的区别是吸水率，高温陶瓷的吸水率低于 0.2%，产品易于清洁，不会吸附异味，不会发生釉面的龟裂和局部漏水现象。中、低温陶瓷的吸水率大大高于这个标准且容易进污水，容易被其他物质渗入，会留下水渍和水垢，怎么擦洗都无济于事，有些马桶底部留下的黄色斑迹就是这样造成的，而且还会发出难闻的味道，时间久了还会发生龟裂和漏水现象。

（4）试冲水。对于马桶来说，最主要的功能是冲水，而马桶管道设计是否科学合理，是影响冲水的最大因素。

（5）从节水的角度出发，选购时可以选择 3/6L 两阀节水型抽水马桶。它设有大便、小便两档，小便时按 3L 键，只冲半箱水即可，从而达到节水的目的。

16.5.3 抽水马桶施工图解及注意事项

第一步：对洁具进行检查，主要检查洁具是否有裂痕、瑕疵或者其他明显的问题，如图 16-10 所示。

第二步：安装时要轻搬轻放，避免损坏洁具，如图 16-11 所示。

图 16-10　对洁具进行检查

图 16-11　洁具安装牢固

第三步：洁具安装要牢固不松动，如图 16-12 所示。

图 16-12　洁具安装牢固不松动

第四步：阀门开关要灵活，如图 16-13 所示。

第五步：安装好后可以采用珍珠棉进行成品保护，避免后期施工中对洁具造成污损，如图 16-14 所示。

图 16-13　阀门开关灵活　　　　　　　　　　图 16-14　用珍珠棉进行成品保护

16.6　蹲　便　器

尽管抽水马桶受到广大消费者青睐，但在很多空间里仍然会采用旧式的蹲便器，尤其是公共空间。

16.6.1　蹲便器的介绍

蹲便器是指使用时以人体取蹲式为特点的便器，是十分传统、常见的一种洁具。其结构分为有存水弯和无存水弯两种。存水弯就是利用拐弯处造成一个"水封"，防止下水道的臭气倒流。

与抽水马桶相比，蹲便器的优势在于人体不用直接接触便器，比较卫生，特别适于公共场合使用，但若如厕时间过长，容易引起大腿和小腿血流不畅，造成腿麻。蹲便器样图如图 16-15 所示。

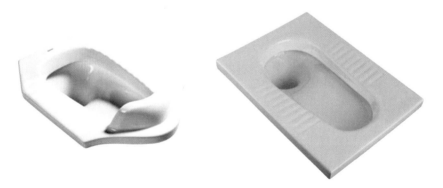

图 16-15　蹲便器样图

16.6.2　蹲便器的选购

蹲便器的材料与抽水马桶一样，其采购可以参照抽水马桶的采购方法。

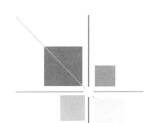

第17章 软装饰材料

现代装修讲究轻装修重装饰，软装饰是指装修完毕之后，利用那些易更换、易变动位置的饰物与家具，如窗帘、地毯、工艺台布、沙发套、靠垫及装饰饰品等对室内进行的二度陈设与布置。

17.1 装 饰 地 毯

地毯在装饰中的应用历史悠久，最早的地毯是以动物毛为原料编织而成，在现代更是发展出了毛、麻、丝和合成纤维等多种材料的新型地毯。

17.1.1 装饰地毯的介绍及应用

1. 地毯的介绍

地毯既有实用性，又具有很强的装饰性，能起到抗风湿、吸音、降噪的作用，使得居室更加宁静、舒适，同时还能隔热保温，降低空调的费用。地毯的种类很多，适合家庭铺设的也不少，以材料来分，主要有天然材料毛、丝、麻、草和人造材料尼龙、丙纶两大类；以制作工艺来分，主要有手工编织和机器编织两种；以编织构造来分，主要有簇绒和圈绒两种。不同的种类有不同的铺设效果，适合于不同功能的房间，以下为市场主要的地毯种类。

（1）纯毛地毯。纯毛地毯的原料主要是纯动物皮毛，尤其以粗绵羊毛为主，像传统的中国地毯和波斯地毯就是其中的典型代表。纯毛地毯是一种天然环保产品。现在市场上的英国地毯，尤其是爱尔兰地毯更是其中的精品。纯毛地毯具有手感柔和、拉力大、弹性好、图案优美、质地厚实、脚感舒适、抗静电性能好、不易老化、不褪色等特点，是高档的地面装饰材料。但纯毛地毯比较容易吸纳灰尘，清洁比较困难，而且容易滋生细菌和螨虫，同时价格昂贵且后期维护麻烦，目前多用于较高档的装修，如图 17-1 所示。同时纯毛地毯还可以做成羊毛状或仿动物形状，视觉效果更佳，如图 17-2 所示。

图 17-1　纯毛地毯实景

图 17-2　各类形状纯毛地毯效果

（2）化纤地毯。化纤地毯也称合成纤维地毯，是以绵纶、丙纶、腈纶、涤纶等化纤为原料，用簇绒法或机织法加工成纤维面层，再与麻布底缝合成的地毯。其质地、视感都近似于羊毛，具有耐磨、防燃、防霉、防污、防虫蛀的特点，价格便宜，同时后期的清洗维护都很方便。但是化纤地毯弹性相对较差，脚感不是很好，同时也有易产生静电和易吸纳灰尘的问题，其效果如图 17-3 所示。

图 17-3　化纤地毯效果

（3）混纺地毯。混纺地毯结合了纯毛地毯和化纤地毯的优点，是在纯毛地毯中加入一定比例的化学纤维制成，例如在纯毛地毯中加入 20% 的尼龙纤维，地毯的耐磨性可比纯毛地毯提高五倍。混纺地毯在花案、质地、脚感等方面与纯毛地毯差别不大，但克服了纯毛地毯不耐虫蛀、易腐蚀、易霉变的缺点，同时提高了地毯的耐磨性，还大大降低了地毯的价格，因而使用范围广泛，受到了市场的欢迎，如图 17-4 所示。

（4）剑麻地毯。剑麻地毯是以一种剑麻的植物纤维为原料加工而成的新型地毯品种，分为素色和染色两种，和纯毛地毯一样也是一种天然环保的产品。剑麻地毯纹理独特，具有耐磨、耐压、耐脏、无静电的特点，并且可以用清水直接清洗，后期的维护和保养相对方便很多。更可贵的是剑麻地毯本身为天然植物，不仅不会释放任何有害物质，还能长期释放出剑麻本身的天然清香，如图 17-5 所示。

（5）橡胶地毯。橡胶地毯是以天然或合成橡胶配以各种化工原料制作而成的卷状地毯。橡胶地毯价格低廉，弹性好、耐水、防滑、易清洗，同时也有各种颜色和图案可供选择，适用于卫生间、游泳池、计算机房、防滑走道等多水的环境。在一般的室内应用较少，属于比较低档的地毯种类。

图 17-4　混纺地毯满铺及局部应用效果

图 17-5　剑麻地毯效果

2. 地毯在装修中的应用

地毯是一种高级的地面装饰材料，具有隔热、保温、吸音的特点以及很好的弹性，铺设于室内可以使室内空间感觉更华贵、温馨。地毯在室内的应用主要分为两种，一种是室内空间满铺，另一种是小块拼铺。鉴于地毯在清理上的难度，大多数室内装修都采用局部拼铺的方式，即在客厅的茶几下方和卧室的床下方局部铺设，这样既美化了居室，同时又不会给后期的清理带来很大困难，是最适合家庭使用地毯铺设的方式，如图 17-6 所示。

图 17-6　小面积应用地毯效果

17.1.2　装饰地毯的选购

（1）鉴定材质。市场上有很多仿制纯天然动物皮毛的化学纤维产品，这之间的区别就类同于真皮沙发和人造革沙发之间的区别。要识别是不是纯天然的动物皮毛的方法很简单，购买时可以在地毯上扯几根绒毛点燃，纯毛燃烧时无火焰、冒烟、有臭味，灰烬多呈有光泽的黑色固体状。

（2）密度、弹性。密度越高、弹性越好，地毯的质量也就相对越好。检查地毯的密度和弹性，可以用手指用力按在地毯上，松开手指后地毯能够迅速恢复原状，表明织物的密度和弹性都较好。也可以把地毯正面折弯，越难看见底垫的地毯，表示毛绒织得越密，也就越耐用。

（3）防污能力。一般而言，素色和没有图案的地毯较易显露污渍和脚印。所以在一些公共空间最好选用经过防污处理的深色地毯，以方便清洁。

17.1.3　装饰地毯的保养方法

（1）避光。应尽量避免强烈的阳光直射，以免地毯过早老化褪色。

（2）通风、防潮。有地毯的房间应注意日常的通风、防潮，以免地毯发生虫蛀和霉变，尤其是纯毛地毯，极易滋生细菌和螨虫，一旦发现类似情况，应立即请专业人员进行修复。

（3）防污、除尘。尽量避免地毯沾染油污、酸性物质和茶水等有色液体等，如不慎倒在地毯上，应立即用专门的地毯清洗膏擦除。地毯相对于其他地面材料更易积聚灰尘，日常清洁时应经常用吸尘器沿着顺毛方向清洁，以免损坏地毯面层。

（4）防变形。如地毯出现倒毛，用毛巾浸湿热水后顺毛方向擦拭，再用熨斗垫湿布顺毛方向熨烫，可一定程度恢复原状；如在地毯上放置较重的家具，应在家具的腿部与地毯相接处放置垫层，进行防变形的保护。

17.2　窗帘布艺

窗帘在家居中是必不可少的物品，不仅需要窗帘进行遮光，保护隐私，同时还可以靠窗帘隔音、隔热和美化居室。现代窗帘可以说是将实用性和美观性完美结合的艺术品。

17.2.1　窗帘的介绍及应用

窗帘种类繁多，大致上可以分为布艺窗帘、卷帘、百叶帘、纱帘等。

（1）布艺窗帘。布艺窗帘的面料有纯棉、麻、涤纶、真丝等，也可集中各种原料混织而成。棉质面料质地柔软、手感好；麻质面料垂感好、挺直、肌理感强；真丝面料高贵、华丽，由100%的天然蚕丝构成；涤纶面料挺括、色泽鲜明、不褪色、不缩水。布艺窗帘效果如图17-7所示。

（2）卷帘。顾名思义，卷帘是可以卷起来的帘子，具有收放自如的特点。它可分为布艺卷帘、人造纤维卷帘、木制卷帘、竹质卷帘。其中人造纤维卷帘是以特殊工艺编织而成的，可以降低强日光辐射，在室内形成漫射效果，在办公空间用得较多，在家居中可以用于书房。卷帘效果如图17-8所示。

（3）百叶帘。百叶帘一般分为木百叶、铝百叶、竹百叶等。百叶帘的最大特点在于光线可以从不同角度得到任意调节，使室内的自然光富有变化。百叶帘效果如图17-9所示。

（4）珠帘、线帘。珠帘和线帘是近年来兴起的一种新产品：珠帘是由玻璃珠或水晶珠串起来的，线帘则是由各种布制品织造成线状。珠帘和线帘的共同特点是它们都是由多根线组合而成的，装饰性很强，在窗帘中属于特殊品种，多用于一些隔断性空间装饰。珠帘效果如图17-10所示。

图 17-7　布艺窗帘效果

图 17-8　卷帘效果

图 17-9　百叶帘效果

图 17-10　珠帘效果

（5）纱帘。纱帘是由薄纱制成的，多为半透明状，能够起到柔化空间的作用，给人一种若隐若现的朦胧感。在室内使用纱帘可以使空间感觉非常温馨、浪漫，还可以考虑将纱帘与布艺窗帘合在一起使用，效果更佳。纱帘的面料可分为涤纶、仿真丝、麻或混纺织物等；根据其工艺可分为印花、绣花、提花等。纱帘效果如图 17-11 所示。

（6）竹帘。竹帘给人淳朴典雅的感觉，使空间充满书香卷气。其收帘方式可选择折叠式、推拉式或前卷式，而竹帘也可加上不同款式的窗帘来陪衬。大多数的竹帘都使用防霉剂及清漆处理过，所以不必担心发霉、虫蛀问题。竹帘便于清洗，不怕水洗，其功能优于布艺窗帘，其秀丽的风格是其他窗帘所不能比拟的，适用于纯自然风格的家居中。但是竹帘透光性较差，而且用料较为讲究，所以价格偏高。竹帘效果如图 17-12 所示。

（7）遮光帘。遮光帘的最大作用在于能够反射太阳光，减少阳光对室内空间的曝晒，其材料多是遮光布，类似于制作雨伞的材料。很多窗帘的背部会缝上一层遮光帘。在一些酷热地区选购窗帘时，最好是选择这种背面带有遮光布的窗帘品种。

图 17-11　纱帘效果

图 17-12　竹帘效果

17.2.2　窗帘的选购

（1）设计风格。窗帘是轻装修重装饰风格形成的一个重要元素，在选择时重点要考虑所选窗帘是否和整个居室的设计风格协调。市场窗帘品种和款式众多，很多款看着很漂亮，但不见得能适合你的家居空间，在选择时需要从花纹、颜色、材料和款式等方面进行比较，找出最适合自己设计风格的品种。

（2）功能需要。不同材料的窗帘有不同的特点，这就需要针对功能性来进行选择了，比如书房就可以选择透光性比较好的卷帘或百叶帘，在客厅则可以采用一些厚重、漂亮的布艺窗帘。在一些中式和自然主义风格的设计中则可以考虑采用古朴的竹帘。

17.3　装　饰　饰　品

室内装饰饰品对于室内设计而言，是一个非常有益的补充。将一些造型精美的饰品组合在一起，可以使它们成为视觉焦点的一部分，不但能制造和谐的韵律感，还能给人祥和、温馨的感受。

17.3.1　装饰饰品的介绍及应用

1. 装饰画

装饰画是室内装饰的重要构成元素，通常会以整体的风格作为参照，更多考虑的是形象、色彩、构图和室内环境的协调与统一，强调与整体呼应的和谐美，如同交响乐中的伴奏与主旋律的完美结合。特别需要强调的是选择装饰画画面时，应尽量避免选择一些未经艺术化处理的实景照片，比如客厅选用风景图片，餐厅选用食品图片等。这种实景照片制作的装饰画，尤其是印刷品类别的装饰画不仅不能起到"画龙点睛"的作用，有时还会给人以一种非常低档和庸俗的感觉。选择装饰画最重要是强调画面的艺术性，即使是实景照片也大多需要进行艺术化的处理。目前一些抽象的，甚至是设计中的平面构成、色彩构成也被大量地应用到装饰画中，只有这些灵动、充满韵味的画面才能真正起到美化居室的作用，如图 17-13 所示。

图 17-13　艺术化装饰画

装饰画原料除了传统的纸质类外，现在品种非常多，几乎所有原料均可入画，品种非常之多，孚祥等国内知名品牌甚至研发出金属、瓷砖、玻璃等各类画种，甚至树叶都可以用于制作装饰画。在画面处理上，除了传统的平面画面外，趋势上开始出现有立体效果的装饰画，比较典型的代表有沙画、薄板雕刻画等，其效果如图 17-14 所示。

2. 装饰品

除了装饰画外，装饰品也是室内装饰的一个重要组成部分。饰品种类繁多，各类摆件、挂件、餐桌用品、床上用品都可以归为饰品的范畴。

装饰品的种类非常多，常见的有陶瓷制品、树脂制品、根雕、木雕、玉雕、玻璃器皿等。实际上一些独特造型、具有观赏价值的物品也可以算做装饰品，比如一个造型漂亮的烟灰缸、一个造型独特的挂钟、一个装饰性很强的屏风等，如图 17-15 所示。

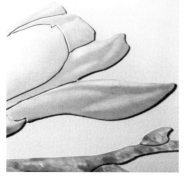

图 17-14　薄板雕刻画效果

图 17-15　各类装饰品

17.3.2　装饰饰品的选购

1. 装饰画的选购

选择装饰画可以参照室内设计风格，中式风格可以选择中国传统写意山水，而一些欧式风格的室内则可以选择欧式油画、静物或人物等。现代风格的室内可以选择的范围更广，各类风格画面均可采用。但实际上选择装饰画不能局限在这种固定模式上，比如欧式风格油画现在也有很多采用抽象画的形式，其装饰效果相比传统油画形式更佳，所以选择装饰画最重要的还是画面的艺术性，当然还需要同时考虑该画面色调是否和室内空间协调，如图 17-16 所示。

图 17-16　与居室的协调

购买装饰画可以去建材超市和专门性的画廊，也可以直接在网上购买。实际上国内很多装饰画厂家都在网上设有专卖店，价格比在商店购买便宜了很多。

当然，装饰画还讲究个性化效果，可以请专业厂家提供个性化服务，比如卧室就可以采用自己的结婚照生产出装饰画，那样可以使居室显得更加与众不同。

2. 装饰品的选购

装饰品和装饰画一样，对于室内装饰而言是个很不错的补充。选购饰品时需要重点考虑的是饰品和整体室内风格相协调。除此之外，还需要注意室内饰品并不是越多越好，太多的饰品堆砌只会使得空间感觉凌乱、琐碎。目前装饰品的发展趋势是将实用性和装饰性相结合，如图 17-17 所示。

图 17-17　实用性和艺术性相结合

17.4　装　饰　植　物

当前室内设计的一个重要发展趋势就是追求贴近自然，将自然景观引入室内，形成人与自然的和谐。室内摆放绿色植物可以给人一种勃勃生机、自然和谐的感觉。植物不仅仅可以美化居室，很多植物本身还能够吸取各类有害有毒物质，同时能够起到净化室内空气的作用。

17.4.1　装饰植物的介绍及应用

贴近自然一直以来都是人们的一种美好愿望，随着现代社会生活水平的提高，这种愿望也更加迫切。将自然引入室内，使室内充满绿色也成了当今室内设计的一个重要趋势。围绕这个趋势，各种各样的创新设计也层出不穷，如图 17-18 所示。

图 17-18　将自然引入室内

将自然引入室内一个最简单的方法就是在室内摆放各类植物和花卉。植物花卉种类很多，有些适合用于室内，有些却不太适合，例如以下九种常见植物花卉就不适合长期摆放于室内：

（1）兰花：香味会令人过度兴奋，容易引起失眠。

（2）紫荆花：花粉与人接触过久，会诱发哮喘和咳嗽。

（3）含羞草：体内有一种碱，人体接触过多会使得毛发脱落。

（4）月季花：散发的浓郁香味会使部分人感觉不适，憋气、胸闷。

（5）百合花：其香味会使得人体中枢神经兴奋，容易引起失眠。

（6）夜来香：夜晚时会散发出大量刺激嗅觉的微粒，闻得时间长了，会使高血压和心脏病患者感觉头晕目眩、胸闷不适，加重病情。

（7）夹竹桃：能够分泌一种乳白色液体，接触时间长，会使人昏昏欲睡，智力下降。

（8）郁金香：花朵含有一种毒碱，接触过多会使毛发脱落。

（9）洋绣球花：散发的微粒会使皮肤过敏而引发瘙痒症状。

需要注意的是以上这些品种的植物花卉并不是对每个人都具有同样的作用，比如月季花，有些人会对其香味比较敏感，有些人则完全没有任何不良反应。

但也有比较适合摆放于室内的植物。很多植物花卉不仅有着漂亮的外表，还是甲醛、氡等装修释放出来的有害物质的克星。同时植物还具有吸收二氧化碳，释放氧气，优化室内空气质量的作用。在室内摆上几盆这样的植物不仅可以美好环境，还能吸收那些对人体有害的物质，净化空气，一举多得。

植物对于有毒物质的吸收能力惊人。24h 内，芦荟可以吸收 $1m^3$ 空气内 90% 的醛，常春藤能够消灭 90% 的苯，垂挂兰能够吸收 95% 的一氧化碳。因而在室内多摆放一些有益身心的植物是非常必要的。具有净化空气功能的常见植物花卉如下：

（1）芦荟、吊兰、虎尾兰：能够吸取甲醛。其中吊兰不仅能吸取甲醛，其本身还能排放出杀菌素，可以杀灭室内多种病菌。

（2）含烟草、鸡冠花：能够吸收天然石材中带有的放射性物质，如铀等。

（3）常青藤、蔷薇、万年青：能够有效清除室内油漆及涂料释放出来的三氯乙烯、苯、氟化氢、乙醚等各类有害物质。

（4）天门冬、仙人掌：能够杀死各类病菌。除了杀菌外，其中天门冬还能够清除重金属微粒，而仙人掌还有个特别的优点，大多数植物都是白天吸收二氧化碳，释放氧气，仙人掌却是晚上吸收二氧化碳，释放氧气，这对于晚上睡眠时空气质量的改善大有益处。

（5）常春藤、无花果、腊梅、花叶芋、红背桂：能够杀灭室内细菌，而且其纤毛能截留并吸滞空气中的飘浮微粒及烟尘。

（6）柑橘、迷迭香：对于室内的细菌和微生物有很强的杀伤力。

（7）柏木、侧柏和柳杉：人在窒闷的房间里会感觉憋闷，原因不是室内氧气不足，而是负氧离子缺乏。在室内使用电视机或计算机，负氧离子会迅速减少。柏木、侧柏和柳杉则可以在室内产生负氧离子。

（8）玫瑰、桂花、紫罗兰、茉莉、柠檬、石竹、铃兰、紫薇等芳香花卉产生的挥发性油类具有显著的杀菌作用。

除此之外，还有许多植物花卉同样能够优化空气的质量，因为和以上所介绍的植物花卉功能重合，这里就不一一介绍了。

197

17.4.2 装饰植物的选购

　　植物可以使室内绿意勃勃、生机盎然，是室内装饰中一个重要的装饰手段。小型植物可以点缀室内环境，大型植物还可以起到划分空间的作用。植物装饰效果如图 17-19 所示。

图 17-19　植物装饰效果

　　如果每 15m² 的室内空间中就有一两种抗污染的植物，会大大利于空气的净化。当然室内植物并非越多越好，15m² 左右的居屋，只宜放 2 盆中型或大型植物，而小型植物可以放 3～4 盆。